新财经改革研究系列丛书

Research on Recognition Algorithms of Restricted Boltzmann Machine Model and Their Application

基于受限Boltzmann机模型的识别算法及其应用研究

沈卉卉 著

东北财经大学出版社
Dongbei University of Finance & Economics Press
大连

图书在版编目（CIP）数据

基于受限Boltzmann机模型的识别算法及其应用研究 / 沈卉卉著. —大连：东北财经大学出版社，2025.3. —（新财经改革研究系列丛书）. —ISBN 978-7-5654-5536-0

Ⅰ. TP391.413

中国国家版本馆CIP数据核字第20254W2E48号

东北财经大学出版社出版发行

大连市黑石礁尖山街217号　邮政编码　116025

网　　址：http://www.dufep.cn

读者信箱：dufep@dufe.edu.cn

大连金华光彩色印刷有限公司印刷

幅面尺寸：170mm×240mm　字数：183千字　印张：15.5　插页：1

2025年3月第1版　2025年3月第1次印刷

责任编辑：时　博　李翠梅　王芃南　赵　楠　责任校对：那　欣

封面设计：张智波　版式设计：原　皓

定价：79.00元

教学支持　售后服务　联系电话：（0411）84710309

如有印装质量问题，请联系营销部：（0411）84710711

本书获得教育部人文社会科学研究一般项目（项目编号：20YJAZH086；项目名称：基于深度学习的安检系统识别模型及应用研究）资助

前言

党的二十大报告指出：“必须坚持科技是第一生产力、人才是第一资源、创新是第一动力，深入实施科教兴国战略、人才强国战略、创新驱动发展战略，开辟发展新领域新赛道，不断塑造发展新动能新优势。”“加快实施创新驱动发展战略。”“加快实现高水平科技自立自强。”人工智能，是引领新一轮科技革命和产业变革的关键技术，是全球科技竞争的制高点。人工智能也是引领新一轮科技革命与产业变革的战略性技术，是赋能经济社会数字化、绿色化双转型的主要引擎，具有很强的“头雁”效应。2024年国务院《政府工作报告》指出：“大力推进现代化产业体系建设，加快发展新质生产力。”新质生产力是创新起主导作用，摆脱传统经济增长方式、生产力发展路径，具有高科技、高效能、高质量特征，符合新发展理念的先进生产力质态。新质生产力是科技创新交叉融合突破所产生的根本性成果。新质生产力的发展首要的便是科技创新，尤其是人工智能技术，人工智能的发展又要以统计机器学习为基础，而机器学习要解决的实质问题是优化算法。随着计算机科学、数学、统计学、人工智能等的快速发展，多学科交叉融合的统计机器学习方法在众多领域中取得了显著的应用成果。作为一种重要的机器学习方法，深度学习方法在处理不确定性问题时具有独特的优势，受到了广泛关注。

今天，互联网、大数据技术不断地向前发展，人工智能也将深刻改变人类社会生活、改变世界。党的二十大报告指出："推动战略性新兴产业融合集群发展，构建新一代信息技术、人工智能、生物技术、新能源、新材料、高端装备、绿色环保等一批新的增长引擎……加快发展数字经济，促进数字经济和实体经济深度融合，打造具有国际竞争力的数字产业集群。"人工智能的应用已经在我们生活中无处不在，因为它给我们带来太多的方便和高效。安检系统作为保障国家安全、维护公共秩序的重要技术手段，得到了广泛的关注和应用。随着社会的发展和科技的进步，人们对安检系统的需求越来越高，迫切需要提高安检系统的识别准确性、速度和智能化水平。近年来，深度学习技术的快速发展为安检系统的发展提供了新的机遇。基于受限Boltzmann机（Restricted Boltzmann Machine，RBM）模型的识别算法及其应用研究，主要针对受限Boltzmann机梯度近似算法、动量算法、正则化方法三个方面存在的算法性能问题、动量加速受限、正则化方法计算效率及泛化能力受限等问题展开研究，并探索其在图像识别和自然图像数据及地震数据去噪中的应用，旨在解决安检系统传统识别模型中存在的问题，提高安检效率和准确性。

深度学习已成为当前人工智能领域的研究热点。受限Boltzmann机模型是深度学习模型之一，它将数据图像拉成一维向量来处理，能够学习到输入数据的概率分布。因其表示能力强，是个很好的生成模型，故被广泛用于深度神经网络。受限Boltzmann机训练优劣将直接影响整个深度网络的性能。因此，如何优化受限Boltzmann机算法以提高网络泛化能力和鲁棒性，是网络应用中的重要问题。

本书主要工作如下：

第一，提出一种基于受限Boltzmann机专家乘积系统的改进方法。将专家乘积系统原理与RBM算法相结合，采用改进的动量算法，提高网络计算效率及超参数寻优的效率。结合专家乘积系统原理，在RBM算法中采用全是真实概率值的参数更新方式会引起模型识别效果不理想和带来密度问题，为此将其更新方式进行改进；为加快网络收敛和提高模型识别能力，采取在受限Boltzmann机预训练阶段和微调阶段引入不同组合方式动量项的一种改进算法。通过对MNIST数据库中0~9手写数字体的图像识别，Extended Yale B和CMU-PIE数据库的人脸识别实验，以及地震数据去噪的应用，我们发现，提出的算法能减少学习时间，提高超参数寻优效率，进而构建的深度网络能获得较好的分类效果并能有效去除随机噪声。

第二，提出一种基于动量方法的受限Boltzmann机的有效算法。

为减少整个深度信念网络学习时间并提高分类效果，在受限Boltzmann机梯度近似算法中加入不同形式、不同效用的动量项，在受限Boltzmann机预训练阶段，结合梯度上升算法特点采取快速上升的动量方式；在微调阶段，为了能精确地找到最优点，结合梯度下降算法特点，相应地引入缓慢下降式的动量项，即在梯度上升和梯度下降过程中都使用不同的动量方式。将提出的算法在MNIST手写体数据库、Extended Yale B和CMU-PIE人脸数据库上做了图像识别应用，结果表明，提出的算法能够有效地增强图像特征的表示能力，提高图像的分类效果和实验效率。

第三，提出一种基于修正动量的受限Boltzmann机算法。针对受限Boltzmann机梯度近似的一种计算方法对动量加速不敏感，以及识别效果不理想等问题，通过修改隐单元偏置参数的更新方式，避免受限Boltzmann机模型中隐单元取值采用概率值时导致模型识别效果不理想、动量加速有限等问题。同时，用Gibbs采样来训练受限Boltzmann机模型，在受限Boltzmann机梯度上升算法和梯度下降算法中采用两种不同形式动量方法分别与梯度上升算法和梯度下降算法相结合共同作用，以增强图像特征的表示能力和提高网络泛化能力，使其动量起到很好的加速作用，提高了图像分类效果。将提出的算法通过在MNIST手写数字体、Extended Yale B和CMU-PIE人脸数据库上的图像识别结果表明，提出的算法能够有效地提高计算效率和网络泛化能力。

第四，提出一种基于权衰减动量的改进平均对比散度算法。鉴于对比散度算法是似然函数梯度的一个有偏估计，为了获得梯度的无偏估计，我们用受限Boltzmann机网络中Gibbs采样得到的每批数据样本与受限Boltzmann机网络中采样得到的新的各批数据样本的平均来近似梯度。然而，并不是所有的受限Boltzmann机梯度近似算法与动量方法的融合都能起到加速网络收敛的作用，因此，在之前的研究工作基础上，结合修正动量算法和权衰减因子一起来提高受限Boltzmann机网络的表示能力，获得更有效的极大似然估计，使得RBM模型学习到的分布和真实数据分布更加接近，能更好地近似其梯度。提出的改进的平均对比散度算法在MNIST手写数字体、Extended Yale B和CMU-PIE人脸数据库3个数据集上的图像识别结果表明，其能够有效地提高计算效率和网络泛化能力。

第五，提出一种基于梯度改进和动量结合的LogsumRBM方法。为了进一步提高RBM网络的表示能力及RBM性能，采用效果较好的RBM梯度近似算法和修正动量算法，结合Logsum正则化方法，以提高网络泛化能力和鲁棒性。在LogsumRBM算法基础上，以及之前的4个研究工作基础上，我们在受限Boltzmann机目标函数里加入稀疏效果较好的Logsum函数正则项，结合改进的梯度近似方法和不同形式的动量项，以提高受限Boltzmann机网络的表示能力和加速网络收敛，从而提高整个网络的泛化能力。同样在MNIST手写体、Extended Yale B和CMU-PIE人脸数据库上的图像识别结果表明，提出的梯度算法融合Logsum正则化以及动量方法能够提高受限Boltzmann机网络的稀疏化特征学习性能、特征表示能力，其网络表现出较强的泛化性能和鲁棒性，进而提高了网络分类效果。

第六，提出了一种基于RBM模型的图像数据随机噪声去除方法。应用RBM算法模型原理，RBM学习过程即去噪过程，去噪高效且效果好。受限Boltzmann机能够无监督地学习到图像数据的概率分布，多个RBM叠加的深度信念网络是一种快速有效的深度学习方法。基于RBM模型的DBN网络在图像数据去噪中的应用属于未知阶段。已有的RBM模型图像去噪方法完全基于RBM无向图模型，低层的分布也依赖于高层的分布，会导致计算复杂，去噪效果也一般。在RBM算法原理与之前相关DBN算法的研究基础上，提出基于RBM模型的DBN网络的图像数据随机噪声去除的方法，其优势在于它在去噪时不需要训练集，也不需要预训练，去噪高效且效果好。将原始图像加入随机噪声，把带噪声的图像分割成若干小块，将其一一拉成向量，批量输入2个隐层的DBN模型中进行学习，原始图像作为标签进行反向微调，最后将其学习的特征输出，还原成图像，即达到消除随机噪声的目的。用DBN模型算法分别在自然图像数据、模拟的地震数据和真实的地震数据上做随机噪声去除测试，测试结果表明，提出的基于RBM模型的DBN网络在自然图像数据和地震数据上去噪方法可行，且去除随机噪声效果较其他无监督学习算法和卷积神经网络等深度学习方法要好，说明RBM模型在图像特征学习性能、本质特征提取上有很强的能力。

以上提出的6种算法在公共数据集MNIST、Extended Yale B和CMU-PIE上进行了数值实验，都取得了较好的识别效果和实际应用去噪效果，从而进一步验证了受限Boltzmann机模型的无监督学习效果和强大的特征表示能力，给出了RBM模型在实际应用中的技术可转化为实践成果的有力证据与参考。以上几种RBM算法不仅对RBM应用领域扩展具有十分积极的实际意义，也为工程领域中的图像去噪方法和深度学习的应用方法提供了一种新的研究思路和借鉴。

最后，对本书工作进行总结，并对接下来的研究工作进行了展望。

本书的相关研究和出版得到了教育部人文社会科学研究一般项目“基于深度学习的安检系统识别模型及应用研究”（项目编号：20YJAZH086）的资助，以及湖北经济学院统计与数学学院的支持。

感谢东北财经大学出版社编校老师的辛苦工作，感谢各同事和朋友的关心，感谢家人在写作过程中对我的照顾和鼓励！

限于作者的学识水平，书中难免有不妥和疏漏之处，恳请各位专家、同仁和读者不吝赐教和批评指正。

沈卉卉

2025年2月于武汉

目录

1

绪论

1.1 研究背景及意义

2006年以来，机器学习领域中的“深度学习”受到学术界广泛关注，成为互联网大数据和人工智能的一个研究热潮。深度学习给模式识别与机器学习带来了巨大的变化，已成功应用于语言处理、图像处理、信号处理、商业经济、地震勘探等方面。随着硬件技术的革命，计算机的速度大大提高，加上“大数据”的出现，使得深度学习在机器学习中起着重要的作用和实践意义。深度学习的概念是由加拿大多伦多大学教授Hinton等人于2006年在*Science*上发表的文章中提出的，是从受限Boltzmann机（Restricted Boltzmann Machine，RBM）中提出的深度信念网络（Deep Belief Nets，DBN），采用“逐层初始化”与“反向微调”技术来有效克服深度网络在训练上的困难，由此引发了深度学习的发展，掀起了深度学习的研究热潮。

相对于支持向量机（Support Vector Machines，SVM）、提升方法、最大熵方法等“浅层学习”模型来说，深度学习将含有多个隐层的人工神经网络，通过组合低层特征形成更加抽象的高层表示属性类别或特征，以发现数据的分布式特征表示，网络自身通过大量数据学习特征，把原始数据通过非线性模型转变为更高层次的、更加抽象的表达，通过足够多的转换的组合，非常复杂的函数也可以被学习，不需要人工设计特征。深度神经网络通过增加网络的层数来模拟人脑复杂的层次化认知规律，以获得“抽象概念”的能力，在无监督特征学习方面具有较强的能力。深度学习包含多个隐层的人工神经网络，其深度结构能帮助它提取更抽象、更具可分类性的特征，使得它在分类中具有较强的能力。但深度神经网络训练时间较长，超参数搜索空间大，从而导致参数寻优困难。如何有效地减少深度网络的学习时间，提高计算效率，这是目前深度学习研究的热点问题。

人工智能是一门融合了计算机科学、数学、脑神经学和社会科学的前沿综合性交叉学科。梯度算法、动量方法和正则化方法在人工智能领域，尤其是深度学习中，已经成为关键的技术手段。这几种方法在优化深度学习模型的过程中起到了至关重要的作用，使模型能够更高效地训练，同时提高其泛化能力。梯度算法通过计算目标函数的梯度来调整模型参数，从而找到函数的最优解。在深度学习中，梯度算法通过计算损失函数关于模型参数的梯度，然后沿着梯度的反方向更新参数，以最小化损失函数。梯度算法的一大优势是能够快速收敛到最优解，通过不断更新模型参数，梯度算法能够逐步减小目标函数的值，直至达到局部或全局最小值。梯度算法具有很高的灵活性，能够适用于各种类型的优化问题，从简单的线性回归到复杂的神经网络，梯度算法都能够发挥其优势。动量方法是一种在优化算法中引入惯性概念技术，它能帮助模型在学习过程中加速收敛，提高模型训练效率。同时，动量方法也有助于模型在复杂函数上取得更好的局部最小值。正则化是一种通过惩罚模型的复杂度来提高模型泛化能力的技术。正则化方法使得模型在训练数据上不过分拟合，从而在新的数据上具有更好的预测性能。在深度学习中，正则化方法被广泛应用于解决过拟合问题。动量方法和正则化方法分别从优化模型训练过程和提高模型泛化能力的角度，为深度学习模型的建立和优化提供了有力的支持。在本书的研究中，我们可以进一步探索这两种方法在深度学习中的应用，以及如何将其与其他方法相结合，从而不断提高模型的性能和泛化能力。动量方法和正则化方法的应用将使得人工智能和深度学习的发展更加迅速，为各个领域带来更多的创新和突破。人工智能技术已深入我们日常的方方面面，带来了极大的便捷与效率，如车牌识别、无人驾驶、人脸识别等。人脸识别技术最大特点可以在不同场合中实现各种各样的智能化应用。比如金融行业、教育行业、铁路系统、公安系统、安检系统等。基于人脸识别这项技术延伸出来的几种功能和应用，充分体现人脸识别技术所具备的优越性和特点。目前大多数人脸识别系统用的模型是深度学习中的有监督学习模型卷积神经网络（Convolutional Neural Networks，CNN），CNN在处理二维图形的形状和特征上有较强的优势，它能内在地学习平移等空间变化不变性特征，且对于目标的比例缩放、平移、倾斜、扭曲等形变有较强的鲁棒性。深度学习是机器学习中的一种方法，是神经网络的发展。

深度学习有三种典型的模型：卷积神经网络、深度信念网络（Deep Belief Nets，DBN）、堆栈自编码网络（Stacked Auto-Encoders，SAE）。其中CNN在处理二维图像和特征提取上有明显的优势；SAE模型简单，可是识别效果较差；目前比较有效的无监督学习模型是DBN。然而，CNN会面临两个问题：其一，CNN有监督的训练需要大量的带标签样本；其二，要想得到较好的识别效果，其网络结构要足够的深，卷积和池化的训练时间太长。所以CNN对计算机的硬件要求比较高，一般建议用GPU运行。

深度学习中最有效的无监督学习模型是DBN，且对计算机硬件要求不是很高，无须大量标签，在较短时间内能达到较好的识别效果，它由多个RBM堆叠进行逐层学习而成。RBM是一种随机网络、概率图模型，如图1-1所示，它将数据图像拉成一维向量来处理，能够无监督地学习到输入数据的概率分布。RBM因表示能力强、是个很好的生成模型等优点被成功用于深度神经网络。因此，RBM训练的优劣将直接影响整个深度网络性能。从而，为提高网络泛化能力，如何优化RBM算法来提高网络泛化能力和鲁棒性，是网络应用中的重要问题。本书主要围绕优化RBM算法展开研究，提出了一系列的基于RBM的识别算法和应用拓展以及数值实验。

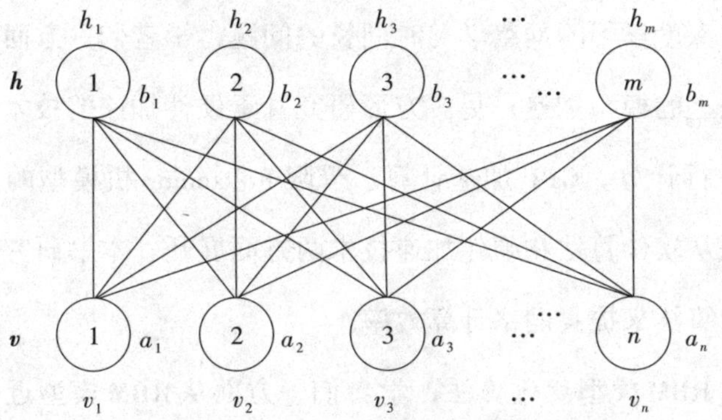

图1-1 RBM网络结构示意图

RBM有n个可见单元和m个隐单元，用向量$\boldsymbol{v}=(v_1, v_2, \cdots, v_n)^{\mathrm{T}}$和$\boldsymbol{h}=(h_1, h_2, \cdots, h_m)^{\mathrm{T}}$来表示，其中$v_i$，$h_j$分别表示第$i$个可见单元的状态和第$j$个隐单元的状态；$\boldsymbol{W}=(w_{ij})_{m\times n}\in\mathbf{R}^{m\times n}$表示链接权重的

矩阵，其中w_{ij}表示第i个可见单元和第j个隐单元之间的链接权重；$\boldsymbol{a}=(a_1, a_2, \cdots, a_n)^{\mathrm{T}}$和$\boldsymbol{b}=(b_1, b_2, \cdots, b_m)^{\mathrm{T}}$表示可见层和隐层的偏置向量，其中$a_i$，$b_j$分别表示第$i$个可见单元的偏置和第$j$个隐单元的偏置；令$\theta=\{w_{ij}, i=1, 2, \cdots, n; j=1, 2, \cdots, m。a_i, i=1, 2, \cdots, n。b_j, j=1, 2, \cdots, m\}$表示模型中未知参数的组合，RBM的主要任务就是求出这些参数θ的更新方式，以拟合给定的训练数据。

它将数据图像拉成一维向量来处理，能够学习到输入数据的概率分布。因RBM表示能力强、是个很好的生成模型等优点被广泛用于深度神经网络，RBM训练的优劣将直接影响整个深度网络的性能。因此，如何优化RBM算法以提高网络泛化能力和鲁棒性，是网络应用中的重要问题。

针对深度学习的网络学习时间长的问题，学者们一方面研究基于软件算法上的模型加速；另一方面研究基于硬件加速的技术，如CPU分布式并行计算，GPU加速计算。受限Boltzmann机模型的加速，学者们也是从软件算法和硬件加速技术两方面展开。本书研究是基于改进的动量算法来提高网络计算效率。

针对RBM模型优化算法，学者们一方面从RBM模型近似计算的训练方法中进行改进，另一方面对RBM目标函数进行修改来优化RBM模型存在的问题。本书研究是基于RBM梯度近似算法的改进来提高网络泛化能力。

为了减少机器学习中的过拟合问题，学者们提出了正则化。正则化目的在于修改学习算法，降低泛化误差而非训练误差。其思想是，在目标函数中加入对参数的约束惩罚项，从而达到简化模型的目的。常见的正则化方法有l_0，l_1和l_2范数，l_1范数和l_0范数都可实现稀疏，而l_0范数很难优化求解，是NP难问题，常用l_0的最优凸近似l_1范数、artan函数、对数和logsum函数、tan-sigmoid函数来代替。其中l_1范数是指向量中各个元素绝对值之和，l_1范数会使权值稀疏。l_2范数的正则化可使得每个系数都很小，都接近于0，可以实现对模型解空间的限制，从而在一定程度上避免了过拟合，还可以使得算法稳定和快速。因此，RBM的稀疏性限制能有效去除冗余信息减少复杂度，以及引导隐单元提取更本质的特征来提升RBM性能。引入稀疏性限制实质都是对隐单元稀疏性的控制，对RBM稀疏化就是使其隐单元只有少数神经元被激活，即只有少数神经元参与到特定刺激信号的编码中。本书研究是基于RBM梯度改进和l_0最优凸近似函数来对RBM模型正则化实现稀疏性。

受限Boltzmann机已经成功应用于分类、回归、图像特征提取、语音识别、协同过滤、图像处理、信号处理、电力系统、商业经济、机械故障诊断、医院诊断等各方面。

深度学习能够自动学习数据中隐含的内部特征、复杂结构和规律，对于解决大数据的复杂非线性问题具有独特的优势，非常适用于解决地震勘探领域中的非线性问题。目前，深度学习在地震勘探领域的发展还处于研究阶段，没有针对地震数据处理专门设计的神经网络以及训练样本库。关于深度学习在地震勘探应用的研究，大部分集中在波形分类、断层识别、地震岩相识别属性特征识别方面，深度学习在地震去噪、地球物理反演中也取得了非常好的效果。

1.2 国内外研究现状

1.2.1 神经网络发展历史

第一代神经网络：也叫感知器，诞生于1960年前后，它的特点是人为预先设计好特征，然后通过学习这些特征的权重来进行模式识别等工作。由于特征是人工设计好的，不具备针对具体任务的适应能力，因此这种感知器的使用范围往往非常狭窄，无学习功能。

第二代神经网络：也叫Hopfield神经网络，1982年由加州理工学院的物理学家Hopfield提出，他引入了“计算能量”的概念，判断网络的稳定性。他提出的网络模型能够从失真或不完整的数据图像中重构出完整的数据图像。它不再使用人工预定的特征，而是在训练的过程中由算法自动适应，这种神经网络在训练的时候，采用一种“反向传播（Back Propagation，BP）算法”。Hopfield网络有一定的局限：

（1）只能进行有监督学习，需要带标号的训练数据；

（2）当网络包含多个隐层时，训练时间太长；

（3）BP算法可能陷入局部最优解。

Boltzmann机（Boltzmann Machine，BM）是1984年，也即Hopfield网络提出的第二年，由多伦多大学Hinton教授和Sejnowsky提出的一种根植于统计力学的随机神经网络。可看作一种随机生成的Hopfield网络，是能够通过学习数据的固有内在表示解决困难学习问题的最早的人工神经网络之一，因样本分布遵循Boltzmann分布而命名为Boltzmann机。这种网络的神经元是随机神经元，神经元的输出只有两种状态（未激活、激活），一般用0和1表示，状态的取值根据概率统计法则决定。如图1-2（a）所示，BM具有强大的无监督学习能力，能够学习数据中复杂的规则。但是训练时间非常长，无法计算BM所表示的分布。

为克服BM训练时间长的问题，BM被提出两年后的1986年，Smolensky等人又提出了受限Boltzmann机，它是一种可通过输入数据集学习其概率分布的随机生成神经网络。RBM最初由发明者Smolensky于1986年命名为簧风琴，直到Hinton及其合作者在2002年发明快速学习算法后，受限Boltzmann机才变得知名。RBM是一种无向图模型，也是一种神经网络模型，如图1-2（b）所示。两层神经元之间都是全连接的，但是每一层各自的神经元之间并没有连接，也就是说，RBM的图结构是一种二分图。正是因这个特点，才叫受限Boltzmann机，而BM是允许同一层之间的神经元相连的。RBM其实是一种简化的BM模型。RBM的提出为后来的深度学习诞生奠定了基础。

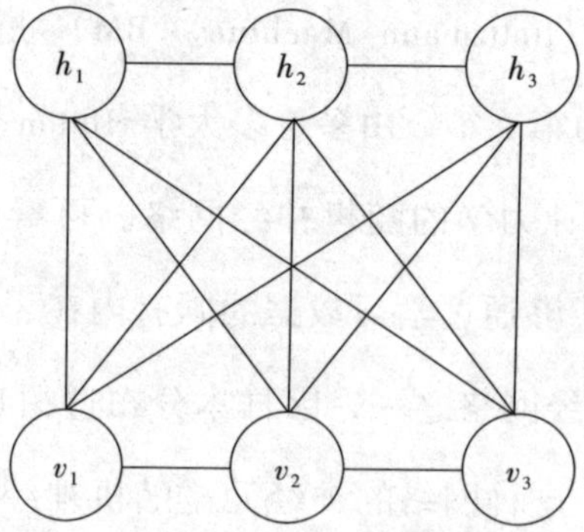

图 1-2 （a）BM模型

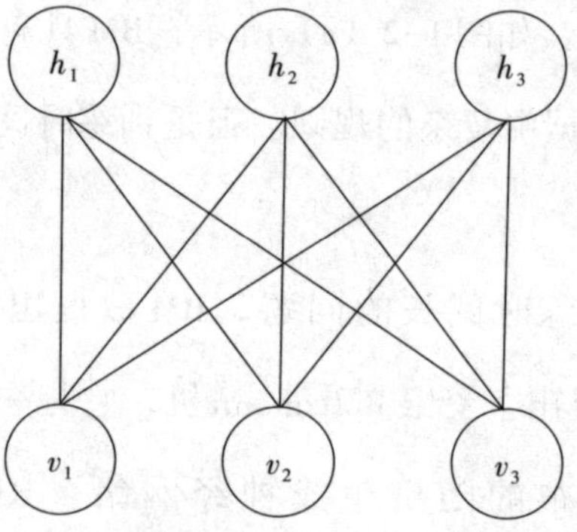

图 1-2 （b）RBM模型

2006年Hinton提出了一种“深度信念网络”，它由多个RBM堆叠在一起，网络的训练采用“逐层初始化”与“反向微调”技术解决。深度信念网络在信息处理上更类似人脑，能解决复杂的智能问题。很多学者将DBN视为第三代神经网络。深度信念网络用层次无监督贪婪预训练方法分层预训练RBM，将得到的结果作为监督学习训练概率模型的初始值，学习性能得到很大改善。无监督特征学习是将RBM的复杂层次结构与海量数据之间实现统计建模。通过无监督预训练使网络获得高阶抽象特征，并提供较好的初始值，将权值限定在对全局训练有利的范围内，使用层与层之间的局部信息进行逐层训练，注重训练数据自身的特性，能减小对学习目标过拟合的风险，并避免深度神经网络中误差累积传递过长的问题。

1.2.2 受限Boltzmann机算法的发展现状

受限Boltzmann机算法的研究归纳起来主要包括采样技术、梯度近似、优化算法3个方面。其中RBM优化算法主要分基于算法的优化和基于目标函数的优化两类：一是算法优化，主要有梯度下降、梯度上升、经典动量、Nesterov动量和Polyak平均；二是正则化，它是对学习算法的修改，目的是减少泛化误差，包括l_2范数正则化、l_1范数正则化、l_1/l_2混合范数正则化、稀疏正则化、正切传播算法、加入噪声、Dropout等。

RBM有一个可见层，一个隐层，层内无连接，所以它有个很好的性质，在给定可见层单元状态（输入数据）时，各隐层单元的激活条件独立；反之，给定隐层单元的状态时，可见层单元的激活也条件独立。这样一来，尽管RBM所表示的分布无法有效计算，但通过采样算法可以得到服从RBM所表示分布的随机样本。Hinton于2002年提出了RBM的一种快速学习算法，叫对比散度算法（Contrastive Divergence，CD），只要隐单元的数目足够多时，RBM就能拟合任意离散分布。RBM已经被成功地应用于分类、回归、图像特征提取、协同过滤等。

还有一特点，RBM中的神经元都是二值化的，也就是说只有激

活和没激活两种状态，也就是0或1；可见层和隐藏层之间的边的权重可以用$\boldsymbol{W}$来表示，$\boldsymbol{W}$是一个$|\boldsymbol{v}| \times |\boldsymbol{h}|$大小的实数矩阵。算法难点主要是对$\boldsymbol{W}$求导，用于梯度上升的更新；但是因为$\boldsymbol{v}$和$\boldsymbol{h}$都是二值化的，没有连续的可导函数去计算，实际中会基于Markov链采用采样算法来计算。

几种常用的采样算法有Gibbs采样、回火转移算法、平行退火采样、退火重要性采样等。当然，Hinton提出的CD方法，比Gibbs采样更快，已经成为RBM求解的标准算法。

（1）Gibbs采样（Gibbs Sampling），通过一条Gibbs采样链来逼近目标分布，对于目标分布较简单数据，可以取得较好的效果。但当数据分布复杂，尤其为多模分布时，即目标分布函数存在多个峰值，Gibbs采样链很容易陷入局部极小域，导致样本不能描述数据分布的整体结构。

（2）为克服这个问题，Salakhutdinov提出回火转移算法（Tempered Transition，TT），是基于修正目标分布的另一个Markov链Monte Carlo（Markov Chain Monte Carlo，MCMC）算法，基于回火转移的Markov链临时从高温度的分布中采样使其在不同峰值之间混合，然后继续从单位温度的分布中采样。

（3）另一种方法是Desjardins等、Cho等、Brakel等分别提出用并行退火算法（Parallel Tempering，PT）来训练RBM。PT算法并行化多条温度链，每条温度链上进行多步Gibbs迭代。高温链采样目标总体分布的结构信息，低温链采样目标局部分布的精确信息。不同温度链之间以一定交换概率进行交换，不断迭代，最后低温链就可以精确获得目标分布的总体信息。对于多模分布数据，PT算法训练效果要明显优于CD算法。

（4）退火重要性采样（Annealed Importance Sampling，AIS）是一种独立采样，用来直接估计配分函数的采样方法。

（5）李飞等分别提出了动态Gibbs采样和梯度修正的PT采样，克服了多步Gibbs采样训练初期误差发散和后期训练精度不高等问题，能获得更高的训练精度。

（6）萧子豪等提出类似Gibbs采样的多步重构神经采样，探索将来能在类脑硬件上实现概率推理的想法，致力于提高移动设备智能水平。

受限Boltzmann机的早期算法有1983年Hinton提出的Gibbs采样，1987年Peterson等人提出的平均场方法，1992年Neal提出的随机近似法，1999年Jordan提出的变分近似方法。还有些学者研究基于RBM梯度近似算法，比如对比散度算法（Contrastive Divergence，CD）；持续对比散度算法（Persistent Contrastive Divergence，PCD），也叫随机最大似然算法（Stochastic Maximum Likelihood，SML），快速持续对比散度算法（Fast Persistent Contrastive Divergence，FPCD）；平均对比散度算法（Average Contrastive Divergence，ACD）。

（1）2002年Hinton提出CD算法用以训练RBM网络。在每次训练迭代时，CD算法以数据样本为初始值，通过多步Gibbs迭代获得目标分布的近似采样，然后通过该近似采样来近似目标梯度，取得了较好的效果，是目前RBM训练的标准算法。但研究表明，CD算法对目标梯度的估计是有偏估计，且每次迭代时都需重新启动Gibbs采样链，这样降低了CD算法的训练性能。

（2）Tieleman以CD算法为基础，2008年提出PCD算法，也叫SML算法。在学习率足够小的前提下，每次参数更新后，RBM模型的变化不大，可认为RBM网络分布基本不变。基于此假设，PCD算法只运行一条独立的采样链，以上次采样迭代的采样值作为下次采样迭代的初值继续迭代，而不是像CD算法那样每次采样都以样本数据为采样初值，取得了比CD算法更好的效果。

（3）为加速PCD算法，Tieleman于2009年提出FPCD算法，引入了额外的加速参数来提高训练速度。PCD算法和FPCD算法虽然训练性能较CD算法有所提高，但并没有从本质上提高CD算法的混合率。因此，需要改进采样技术来提高混合率。

（4）Ma等将CD算法改进和AIS采样相结合，提出平均对比散度算法。训练RBM，用MNIST实验说明在似然函数梯度近似方法上，ACD算法比CD算法好。

为了加速网络收敛且得到可靠的估计，RBM算法中关于算法收敛和提高计算效率的研究，归纳起来有两类：

（1）一类是在算法中引入动量项来优化网络以提高学习效率。比如Sutskever等用近似牛顿迭代Hessian矩阵优化算法，受Nesterov加速梯度算法启发，提出Nesterov动量算法，在一定程度上克服了经典动量算法的不稳定性和方向误差，在深度自动编码机和深度递归神经网络等深度网络中取得了良好的效果。Nitanda将Nesterov动量方法和随机梯度方差减少技术相结合，对手写体数字进行识别实验，错误率在4%左右。Zareba等将经典动量方法和Nesterov动量方法应用到RBM训练中，两种动量方法做了比较，从仿真结果看，经典动量方法和Nesterov动量方法在RBM分类中效果一样。Yuan等分析了动量随机梯度的收敛性和效果性能。这些研究表明在随机梯度方法中，动量方法的确有加速RBM网络收敛和提高学习性能的效果。李飞等则从理论上分析了这两种动量方法加速效果差的原因，进而在以上两种动量方法上引入衰减因子，提出网络权值衰减的动量算法，取得了良好的加速效果，但仍然是以增大网络权值为代价的，网络权值过大可能会导致网络的泛化性能降低。Swersky等则将经典动量方法与Polyak平均方法两者结合，采用随机最大化似然函数算法，取得了较好的效果。

（2）随着深度学习技术的发展，另一类提高计算效率的方法是将数据分布在不同处理器上并行，如Lopes等和Zhang等为了提高计算效率，提出RBM模型分别在多个处理器和Hadoop平台进行，网络训练时间上有了较大的提高。

在RBM众多优化方法中，正则化方法能有效地减少泛化误差。因此，引入RBM的稀疏性限制是其中比较常见的方法，一方面能有效去除冗余信息减少复杂度，另一方面则有利于上层神经元学习得到刺激信号更本质的特征，提升RBM性能。目前RBM正则化有两大类方法：

一类是将稀疏性限制引入到优化目标函数中的主流方法，如Lee等提出基于误差平方和的稀疏RBM（Sparse Restricted Boltzmann Machines，SRBM）；该算法需在训练前设定期望概率p，即将同层所有隐单元赋予相同的平均激活概率，实际应用中，每个隐单元的激活概率可能不同。因此，Hinton等利用交叉熵概念提出基于交叉熵稀疏RBM；之前的稀疏化方法，大多数假定特征间是相互独立的，但在实际问题中，特征与特征之间往往具有很强的统计相关性，直接学习所有隐单元之间的统计相关性是行不通的。因此，Luo等将稀疏组方法应用到RBM中，提出稀疏组受限玻尔兹曼机（Sparse Group Restricted Boltzmann Machines，SGRBM）；刘凯等利用交叉熵稀疏和稀疏组RBM的各自优点，提出了交叉熵稀疏和稀疏组RBM两种混合机制的稀疏RBM；Ji等提出对数和范数来代替l_0范数的LogsumRBM，在MNIST手写体识别上DBN取得了1.02%的错误率；Ji等用l_1范数来约束KL距离提出基于率失真理论的稀疏响应RBM（Sparse-Response Restricted Boltzmann Machine，SR-RBM）；以及各种改进稀疏惩罚因子来逼近l_0范数，如Mei等和罗剑江等用arctan函数逼近l_0范数直接约束隐单元的概率密度空间来达到隐单元稀疏的效果；柴瑞敏等根据压缩感知理论提出tan-sigmoid函数作为稀疏惩罚项；加入噪声或随机扔掉相应要求隐含层节点的Dropout方法也是正则化的一种方法，在某些假设下，将噪声加到权重中等同于传统的正则化方法；Srivastava等表明Dropout比其他标准的计算开销小的正则化方法（如权重衰减、稀疏激活、范数约束）更有效。

另一类是将惩罚因子引入到RBM的联合概率分布中，如基数受限Boltzmann机等。

综上所述，RBM梯度近似算法、动量算法、RBM正则化方法分别都取得了一定的效果，但仍然存在以下几个问题：

（1）由于平均场算法与变分推断的近似方法不需要采样过程，且存在更强的独立性假设，算法在近似模型期望的时候效果不好；

（2）已有的动量方法的确有加速网络收敛的效果，但这类动量方法要么仅与随机梯度下降算法（Stochastic Gradient Descent，SGD）相结合，要么仅与随机梯度上升算法（Stochastic Gradient Ascent，SGA）结合，因此其动量加速有限；

（3）PCD、FPCD算法在训练RBM性能上较CD算法有所提高，但并没有从本质上提高CD算法的混合率，且RBM梯度近似算法与采样技术的选择在一定程度上影响RBM的训练时间；

（4）正则化方法在防止过拟合方面起到了较好的作用，但计算开销大，RBM模型在计算效率与分类效果方面受到一定的限制。

1.3 本书研究内容及章节安排

针对上述问题，我们在以下几个方面进行了研究和探讨：

（1）针对平均场算法在近似模型期望时效果不好，我们采用专家乘积系统原理与改进的RBM算法相结合，运用Gibbs采样算法，提高模型泛化能力；

（2）在RBM预训练阶段和微调阶段同时采用不同的动量方法，两种不同形式的动量方法分别与SGA和SGD相结合共同作用，使其动量加速性能最佳；

（3）提出一种新的RBM梯度近似算法，结合目标数据分布采用Gibbs采样技术，提高RBM模型的表示能力；

（4）正则化方法在RBM模型训练效率上与泛化能力上受到一定的限制，为进一步提高RBM性能，提出基于梯度改进与动量方法的RBM正则化方法，以提高RBM的泛化能力和鲁棒性；

（5）将提出的RBM改进算法组成几个隐层的DBN模型用于自然图像和地震图像数据做了去除随机噪声应用实验，去噪效果高效且好。

本书重点在于受限Boltzmann机的原理和改进识别算法的研究，其章节安排如下：

第1章：绪论。本章首先介绍了论文的研究背景及意义，其次阐述了RBM发展历史、RBM算法的研究现状，最后介绍了本书的主要研究内容及章节结构。

第2章：详细介绍了RBM模型的起源、RBM模型的原理、RBM模型的几种典型的采样算法、动量算法、正则化方法。

第3章：提出基于受限Boltzmann机的专家乘积系统的改进算法。将专家乘积系统原理与RBM算法相结合，采用改进的动量算法，提高网络计算效率及超参数寻优的效率。

第4章：提出基于动量方法的RBM两种不同梯度近似算法。为提高RBM网络的表示能力和计算效率，结合RBM训练和微调阶段所采用不同的梯度算法，也相应的采取不同形式的动量算法，以增强图像特征的表示能力和提高网络泛化能力；但是并不是所有的RBM梯度近似算法与改进的动量算法相结合，动量都能起到加速的作用，相反有的梯度近似算法中加入动量，识别效果更差，因此提出一种修正动量算法，使其动量起到很好的加速作用，提高了识别效果。

第5章：提出基于权衰减动量RBM的平均对比散度算法。为了更加精确地逼近RBM似然函数的梯度，提出权衰减动量的平均对比散度算法，可以获得更有效的极大似然估计，使得RBM模型学习到的分布和真实数据分布更加接近。

第6章：提出基于梯度改进和动量结合的LogsumRBM方法。在前面工作的基础上，为了进一步提高RBM网络的表示能力及RBM性能，采用效果较好的RBM梯度近似算法和修正动量算法，结合Logsum正则化方法，以提高网络泛化能力和鲁棒性。

第7章：提出了一种基于RBM模型的图像数据随机噪声去除方法。将原始图像加入随机噪声，把带噪声的图像分割若干小块，将其拉成向量，不需要训练集，也不需要预训练，批量输入模型中进行学习，学习过程即是除噪过程，去噪高效且效果好。

第8章：对本书研究进行总结，并对接下来的研究工作进行展望。

1.4 本章小结

本章简要介绍了RBM的研究背景及研究意义，重点介绍有关RBM算法研究现状，分析了目前RBM算法在梯度近似、算法优化、正则化等三个方面存在的几个问题，最后，给出了本书的研究内容及章节安排。本书主要内容结构如图1-3所示：

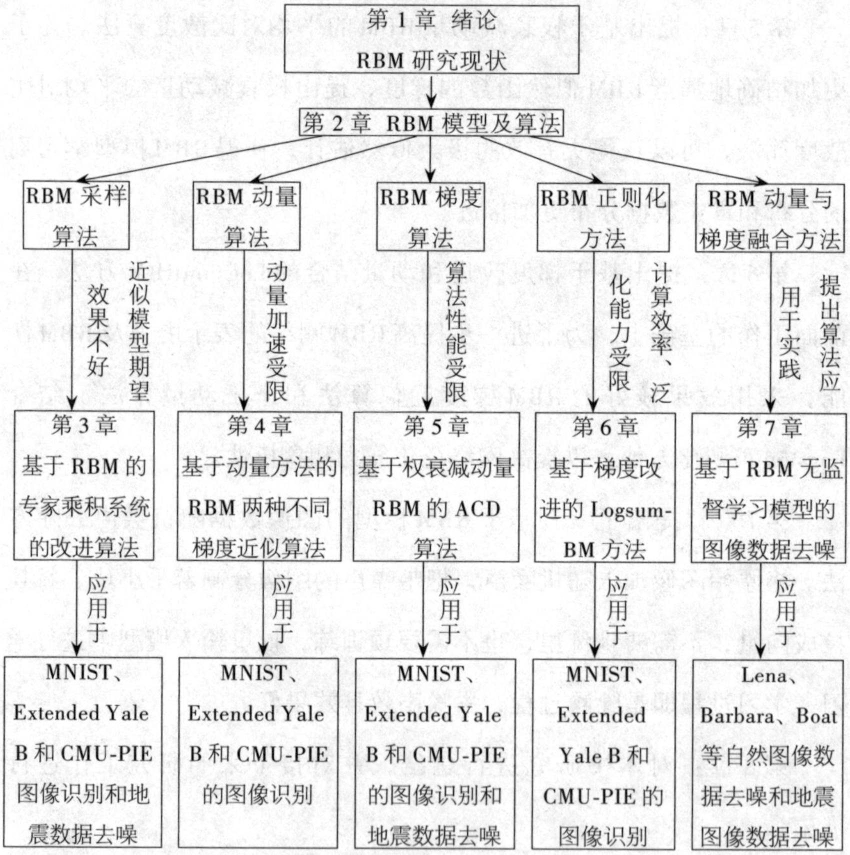

图1-3 本书内容结构示意图

2

受限Boltzmann机模型及算法概述

2.1 受限Boltzmann机模型

上一章介绍了RBM神经网络发展历史以及RBM算法的研究现状，本章将进一步介绍RBM模型的起源及其原理，和几种典型的RBM算法流程。

2.1.1 Ising模型

受限Boltzmann机是一种随机网络，描述随机网络一般有两个要素：一个是分布函数，另一个是能量函数。分布函数会涉及概率；能量函数由于是输入的数据，它是什么样的分布，无法得知，也非常难学。而统计力学的结论表明，任何概率分布都可以转变成基于能量的模型，而且很多分布都可以用能量模型所特有的性质和学习过程，从能量模型找到通用的学习方法。RBM是一种无监督学习，能量模型能为无监督学习方法提供目标函数和目标解。总之，能量模型使得学习一个数据的分布变得容易可行。

1922年德国物理学家Lenz让其学生Ising研究铁磁体的磁性（相变和有序行为）模型。1925年Ising发表了对此模型的一维情况的求解，称为Ising模型。即磁铁在加热到一定临界温度以上会出现磁性消失的现象，而降温到临界温度以下又会表现出磁性。这种有磁性、无磁性两相之间的转变，是一种连续相变（也叫二级相变，体积不变，也不伴随热量的吸收和释放，只是热容量、热膨胀系数和等温压缩系数等的物理量发生变化。物质的旧结构变成新的结构，相变涉及物质的全部分子，物质中的分子是长程关联的）。Ising模型的一个显著的性质就是，随着系统的演化，它的能量会自发地降低。

Ising模型假设铁磁物质是由一堆规则排列的小磁针构成，每个磁针只有上下两个方向（自旋）。如图2-1所示，相邻的小磁针之间通过能量约束发生相互作用，同时又会由于环境热噪声的干扰而发生磁性的随机转变（上变为下或反之）。涨落的大小由关键的温度参数决定，温度越高，随机涨落干扰越强，小磁针越容易发生无序而剧烈的状态转变，从而让上下两个方向的磁性相互抵消，整个系统磁性消失，如果温度很低，则小磁针相对宁静，系统处于能量约束高的状态，大量的小磁针方向一致，铁磁系统展现出磁性。

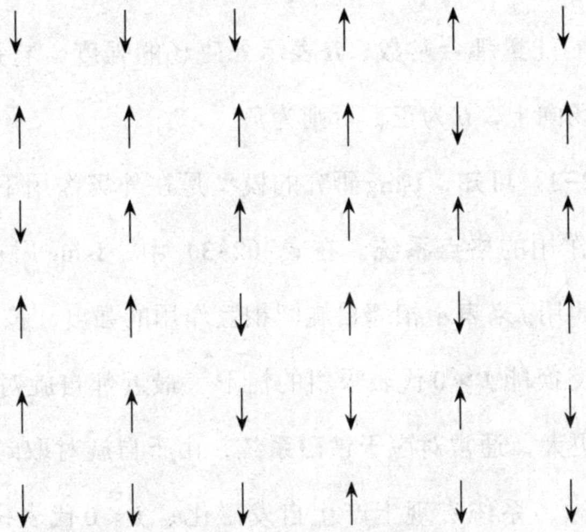

图2-1 Ising模型示意图

假设有N个小磁针，第i个节点是一个小磁针，每个小磁针有上下两种状态，用v_i表示第i个磁针的自旋状态，且：

$$v_i = \begin{cases} +1，小磁针朝上, \\ -1，小磁针朝下. \end{cases} \tag{2-1}$$

网格上相邻的两个小磁针可以发生相互作用。给定$\{v_i\}$的一组取值则指定了系统的一个状态，即：

$$\boldsymbol{v} = \{v_1, v_2, \cdots, v_N\} \tag{2-2}$$

考虑外磁场的影响，整个铁磁体系统的哈密顿量H（描述系统总能量的算符），或定义总能量来刻画这种相互作用，可写成：

$$E\{\boldsymbol{v}\} = -J\sum_{i,j} v_i v_j - H\sum_{i=1}^{N} v_i \tag{2-3}$$

$E\{\boldsymbol{v}\}$表示系统处于状态组合$\{\boldsymbol{v}\}$下的总能量。v_i表示格点i处的自旋，只取向上、向下两个方向，取值为-1和$+1$；J表示相邻两格点相互作用的能量耦合常数；H表示外磁场的强度，它是一个参数，如果外界磁场向上，H为正，否则为负。

由式（2-3）可知，Ising研究的模型是在外场作用下，具有最近邻自旋相互作用的格点系统。在式（2-3）中，Ising用$v_i v_j$来表示自旋相互作用。用J来表示相邻自旋间相互作用的强度。按照Boltzmann统计理论，交换能$J > 0$代表吸引的情形，最近邻自旋对自旋指向同一方向概率更大，通常对应于铁磁系统，由于自旋对取向相同时能量更低，低温时，系统宏观上产生自发磁化；$J < 0$代表排斥的情形，最近邻自旋对自旋指向相反的方向概率更大，对应于反铁磁系统，由于自旋对取向相反时能量更低，系统宏观上不表现磁性，但置于外磁

场中时，自旋对被迫指向外磁场一致方向，宏观上就会表现出磁性。不管是铁磁系统还是反铁磁系统，在温度升高时，自旋的取向逐渐在热运动下随机指向，最终在足够高的温度下，自发磁化消失，系统表现出顺磁性。

2.1.2 Hopfield网络

Hopfield网络模型是Ising模型的一种应用。Hopfield模型通过训练，即改变相互连接的权重，可以将要记忆的模式映射为能量最小的状态，之后通过Ising模型的邻域相互作用规则自发演化到最小能量状态。

Hopfield神经网络，神经元的取值为：

$$v_j(t+1)=\begin{cases}1, & \sum_i w_{ij}v_i(t)\geqslant\theta_j\\ 0, & \sum_i w_{ij}v_i(t)<\theta_j\end{cases}\tag{2-4}$$

θ_j为阈值，也称为偏置；$\boldsymbol{v}(t)$为Hopfield网络t时刻的状态；$v_i(t)$为第i个神经元t时刻状态。

因此，根据神经网络的定义$v_j(t+1)$为第j个神经元$t+1$时刻的状态为：

$$v_j(t+1)=f\left[\sum_{i=1}^{n}w_{ij}v_i(t)+\theta_j\right]\tag{2-5}$$

f为定义好的函数，常见为sigmoid函数或tanh函数。

从而定义网络总能量表达式为：

$$E = -\frac{1}{2}\sum_{j=1}^{n}\sum_{i=1}^{n} w_{ij} v_i(t) v_j(t) - \sum_{j} \theta_j v_j \tag{2-6}$$

当给定网络一个初始状态，总能逐步演变到能量函数的局部最小点，这些局部最小点即为网络的稳定状态。

2.1.3 Boltzmann分布

2.1.1节的Ising模型中有两种力作用在小磁针上，一种力来源于小磁针邻居以及外场对它的影响，这种影响倾向于使得相邻的邻居彼此状态一致以及与外场尽量一致，即尽量使得系统的总能量达到最小。另外一种力则来源于环境噪声的扰动，它迫使小磁针无视邻居的作用而发生随机的状态反转。于是，每个小磁针就挣扎于这两种不同的力量之间。

按照上述规则，针对同样参数和初始条件的Ising模型进行多次重复实验，观察这些Ising模型处于什么样的状态组合，发现某一状态组合在若干实验中的出现频率会接近Boltzmann分布。系统和它周围的环境处于热平衡时，小磁针（物质分子）按能量的分布规律，可以最终达到如下的概率分布状态，物质的颗粒处于状态i的数量跟系统总颗粒数的比值：

$$\frac{N_i}{N} = p(\{v_i\}) = \frac{e^{-\frac{E_i}{KT}}}{\sum_{i=1}^{M} e^{-\frac{E_i}{KT}}} \tag{2-7}$$

以上称为Boltzmann分布。其中令$Z = \sum_{i=1}^{M} e^{-\frac{E_i}{KT}}$是归一化因子，也

叫配分函数，K为Boltzmann常数$K = 1.3806 \times 10^{-23}$，$E_i$为当状态为$v_i$时的系统能量函数，$M$为系统所有状态的数量，则一共有$2^N$项，其计算量特别大，在当时的计算机硬件条件下，根本无法有效地计算。

Boltzmann机是1984年多伦多大学的Hinton教授和Sejnowsky提出的一种根植于统计力学的随机神经网络。BM是一种融合了BP网络和Hopfield网络的结构、学习方法和动态运行机制的优点，具有简易高效的学习算法以及按照概率方式工作的运行机制。因样本分布遵循Boltzmann分布而命名为Boltzmann Machine，但是Boltzmann机网络训练时间长，无法有效地计算其数据分布。

2.1.4 受限Boltzmann机模型的求解

由于BM无法确切计算其所表示的分布和没法得到服从BM网络所表示的分布的随机样本，于是有了受限Boltzmann机的出现。RBM通过限制BM的层内连接，使得给定可见单元状态（输入数据）各隐单元激活条件独立（反之给定隐单元状态可见单元激活条件独立）。这样一来，尽管RBM所表示的分布仍旧无法有效计算，但可以通过采样算法有效地得到服从RBM所表示分布的随机样本。此外，只要隐单元的数目足够多，RBM在理论上能够拟合任意离散分布。

对于图1-1的RBM网络结构模型，当给定一组状态$(\boldsymbol{v}, \boldsymbol{h})$，RBM作为一个系统所具备的能量函数定义为：

$$E(\boldsymbol{v},\ \boldsymbol{h}) = -\sum_{i=1}^{n} a_i v_i - \sum_{j=1}^{m} b_j h_j - \sum_{i=1}^{n}\sum_{j=1}^{m} v_i w_{ij} h_j \tag{2-8}$$

其中，$\forall i,\ j,\ v_i,\ h_j \in \{0,\ 1\}$

利用该能量函数定义$(\boldsymbol{v},\ \boldsymbol{h})$的联合概率分布为：

$$p(\boldsymbol{v},\ \boldsymbol{h}) = \frac{e^{-E(\boldsymbol{v},\ \boldsymbol{h})}}{Z_\theta} \tag{2-9}$$

其中$Z_\theta = \sum_{\boldsymbol{v},\ \boldsymbol{h}} e^{-E(\boldsymbol{v},\ \boldsymbol{h})}$，$Z_\theta$称为归一化因子，或配分函数。

由于RBM层间有链接，层内无连接可知：给定可见单元状态时，各隐单元的激活状态间条件独立，则第j个隐单元激活概率可以由能量函数式（2-8）和联合分布函数式（2-9）导出，各隐单元的条件激活概率$p(h_j = 1|\boldsymbol{v})$如下：

$$p(h_j = 1|\boldsymbol{v}) = sigmoid(b_j + \sum_{i=1}^{n} v_i w_{ij}) \tag{2-10}$$

其中sigmoid函数$\sigma(x) = \frac{1}{1 + e^{-x}}$，由RBM模型的对称性可知，当给定隐层单元的状态时，可见层单元的激活也条件独立。同样可得：

$$p(v_i = 1|\boldsymbol{h}) = sigmoid(a_i + \sum_{j=1}^{m} w_{ij} h_j) \tag{2-11}$$

因此，给定某层单元状态时，另一层之间的状态条件分布也是相互独立的：

$$p(\boldsymbol{h}|\boldsymbol{v}) = p(h_1|\boldsymbol{v})p(h_2|\boldsymbol{v})\cdots p(h_m|\boldsymbol{v}) = \prod_{j=1}^{m} p(h_j|\boldsymbol{v}) \tag{2-12}$$

$$p(\boldsymbol{v}|\boldsymbol{h}) = p(v_1|\boldsymbol{h})p(v_2|\boldsymbol{h})\cdots p(v_n|\boldsymbol{h}) = \prod_{i=1}^{n} p(v_i|\boldsymbol{h}) \tag{2-13}$$

对于一个实际问题，我们学习RBM的目的是让RBM网络表示的可见层节点$\boldsymbol{v}$的分布$p(\boldsymbol{v})$最大可能地拟合输入样本所在样本空间的分布$q(\boldsymbol{v})$。从信息熵的角度理解：若输入样本表示的分布与RBM表示的Gibbs分布尽可能地符合，即样本表示的分布和RBM网络表示的边缘分布的信息论中Kullback-Leibler（KL）距离越小，两种分布越接近。

$$\mathrm{KL}(q\|p)=\sum_{\boldsymbol{v}\in\Omega}q(\boldsymbol{v})\ln\frac{q(\boldsymbol{v})}{p(\boldsymbol{v})}=\sum_{\boldsymbol{v}\in\Omega}q(\boldsymbol{v})\ln q(\boldsymbol{v})-\sum_{\boldsymbol{v}\in\Omega}q(\boldsymbol{v})\ln p(\boldsymbol{v}) \tag{2-14}$$

其中$p(\boldsymbol{v})$为RBM表示的Gibbs分布的边缘分布，只与可视点$\boldsymbol{v}$有关，理解为$\boldsymbol{v}$的各个状态分布；$q(\boldsymbol{v})$为样本空间的分布，输入样本一旦确定，则样本空间的分布$q(\boldsymbol{v})$是确定的，第一项是确定的，则KL距离最小，就是使第二项最大化。第二项的求和是对整个样本空间求和，因为只有输入样本集S，没有整个样本空间Ω，于是利用Monte Carlo方法求其近似值。

因此，从样本分布$q(\boldsymbol{v})$上采集大量符合$q(\boldsymbol{v})$分布的样本，假设有T个训练样本，$\boldsymbol{v}^t$表示第t个训练样本，则用这些样本均值逼近其期望：

$$\sum_{\boldsymbol{v}\in\Omega}q(\boldsymbol{v})\ln p(\boldsymbol{v})=E_{q(\boldsymbol{v})}[\ln p(\boldsymbol{v})]\approx\frac{1}{n}\sum_{\boldsymbol{v}\in S}\ln p(\boldsymbol{v})=\frac{1}{T}\sum_{t=1}^{T}\ln p(\boldsymbol{v}^t) \tag{2-15}$$

上式的等式左边求和是对整个样本空间Ω，右边求和是对采集的样本，即输入的样本S，S是从样本空间里抽出来的，服从$q(\boldsymbol{v})$分布。

于是，第二项最大化即求解$\frac{1}{T}\sum_{t=1}^{T}\ln p(\boldsymbol{v}^t)$的最大化，就可让RBM网络表示的Gibbs分布$p(\boldsymbol{v})$和样本本身表示的分布$q(\boldsymbol{v})$最接近。

我们最关心的是观测数据$\boldsymbol{v}$的概率分布$p(\boldsymbol{v})$，它是Gibbs分布$p(\boldsymbol{v},\ \boldsymbol{h})$的边缘分布：

$$p(\boldsymbol{v})=\sum_{h}p(\boldsymbol{v},\ \boldsymbol{h})=\sum_{h}\frac{\mathrm{e}^{-E(\boldsymbol{v},\ \boldsymbol{h})}}{Z_{\theta}}=\frac{1}{Z_{\theta}}\sum_{h}\mathrm{e}^{-E(\boldsymbol{v},\ \boldsymbol{h})}\tag{2-16}$$

若训练样本的集合S有T个样本：

$S=\{\boldsymbol{v}^1,\ \boldsymbol{v}^2,\ \cdots,\ \boldsymbol{v}^T\}$，$\boldsymbol{v}^t=(v_1^t,\ v_2^t,\ \cdots,\ v_n^t)^{\mathrm{T}}$，$t=1,\ 2,\ \cdots,\ T$

学习RBM的目标就是最大化如下似然函数：令$L(\theta)=\frac{1}{T}\sum_{t=1}^{T}\ln p(\boldsymbol{v}^t)$

$$\theta^*=\underset{\theta}{\arg\max}\,L(\theta)=\underset{\theta}{\arg\max}\left[\frac{1}{T}\sum_{t=1}^{T}\ln p(\boldsymbol{v}^t)\right]\tag{2-17}$$

因此，最大化似然函数常用梯度上升法来得到最优的参数θ^*，网络中可变的参数是θ，通过对θ求导，使θ向增大的方向变化：

$$\theta\leftarrow\theta+\eta\frac{\partial L}{\partial\theta}\tag{2-18}$$

其中$\eta>0$为学习率，关键是找梯度$\frac{\partial L}{\partial\theta}$。

$$\begin{aligned}L(\theta)&=\frac{1}{T}\sum_{t=1}^{T}\ln p(\boldsymbol{v}^t)\\&=\frac{1}{T}\sum_{t=1}^{T}\ln\sum_{h}p(\boldsymbol{v}^t,\ \boldsymbol{h})\\&=\frac{1}{T}\sum_{t=1}^{T}\ln\sum_{h}\left(\frac{\mathrm{e}^{-E(\boldsymbol{v}^t,\ \boldsymbol{h})}}{Z_{\theta}}\right)\\&=\frac{1}{T}\sum_{t=1}^{T}\ln\sum_{h}\left(\frac{\mathrm{e}^{-E(\boldsymbol{v}^t,\ \boldsymbol{h})}}{\sum_{v,\ h}\mathrm{e}^{-E(\boldsymbol{v},\ \boldsymbol{h})}}\right)\\&=\frac{1}{T}\sum_{t=1}^{T}\left(\ln\sum_{h}\mathrm{e}^{-E(\boldsymbol{v}^t,\ \boldsymbol{h})}-\ln\sum_{v,\ h}\mathrm{e}^{-E(\boldsymbol{v},\ \boldsymbol{h})}\right)\end{aligned}\tag{2-19}$$

令 θ_i 是 $\theta=\{w_{ij},\ a_i,\ b_j\}$ 中的某一个参数，则对数似然函数关于 θ_i 的梯度为：

$$
\begin{aligned}
&\frac{\partial L(\theta)}{\partial \theta_i}\\
&=\frac{\partial\left(\frac{1}{T}\sum_{t=1}^{T}\left(\ln\sum_{h}\mathrm{e}^{-E(v^t,\ h)}-\ln\sum_{v,\ h}\mathrm{e}^{-E(v,\ h)}\right)\right)}{\partial \theta_i}\\
&=\frac{1}{T}\sum_{t=1}^{T}\frac{\partial}{\partial \theta_i}\left(\ln\sum_{h}\mathrm{e}^{-E(v^t,\ h)}-\ln\sum_{v,\ h}\mathrm{e}^{-E(v,\ h)}\right)\\
&=\frac{1}{T}\sum_{t=1}^{T}\left[\sum_{h}\frac{\mathrm{e}^{-E(v^t,\ h)}}{\sum_{h}\mathrm{e}^{-E(v^t,\ h)}}\times\frac{\partial\left(-E(\boldsymbol{v}^t,\ \boldsymbol{h})\right)}{\partial \theta_i}-\sum_{v,\ h}\frac{\mathrm{e}^{-E(v,\ h)}}{\sum_{v,\ h}\mathrm{e}^{-E(v,\ h)}}\times\frac{\partial\left(-E(\boldsymbol{v},\ \boldsymbol{h})\right)}{\partial \theta_i}\right]\\
&=\frac{1}{T}\sum_{t=1}^{T}\left[\sum_{h}\frac{\frac{\mathrm{e}^{-E(v^t,\ h)}}{Z_\theta}}{\sum_{h}\frac{\mathrm{e}^{-E(v^t,\ h)}}{Z_\theta}}\times\frac{\partial\left(-E(\boldsymbol{v}^t,\ \boldsymbol{h})\right)}{\partial \theta_i}-\sum_{v,\ h}\frac{\mathrm{e}^{-E(v,\ h)}}{\sum_{v,\ h}\mathrm{e}^{-E(v,\ h)}}\times\frac{\partial\left(-E(\boldsymbol{v},\ \boldsymbol{h})\right)}{\partial \theta_i}\right]\\
&=\frac{1}{T}\sum_{t=1}^{T}\left[\sum_{h}\frac{p(\boldsymbol{v}^t,\ \boldsymbol{h})}{p(\boldsymbol{v}^t)}\times\frac{\partial\left(-E(\boldsymbol{v}^t,\ \boldsymbol{h})\right)}{\partial \theta_i}-\sum_{v,\ h}p(\boldsymbol{v},\ \boldsymbol{h})\times\frac{\partial\left(-E(\boldsymbol{v},\ \boldsymbol{h})\right)}{\partial \theta_i}\right]\\
&=\frac{1}{T}\sum_{t=1}^{T}\left[\sum_{h}p(\boldsymbol{h}\mid\boldsymbol{v}^t)\times\frac{\partial\left(-E(\boldsymbol{v}^t,\ \boldsymbol{h})\right)}{\partial \theta_i}-\sum_{v,\ h}p(\boldsymbol{v},\ \boldsymbol{h})\times\frac{\partial\left(-E(\boldsymbol{v},\ \boldsymbol{h})\right)}{\partial \theta_i}\right]\\
&=\frac{1}{T}\sum_{t=1}^{T}\left[E_{p(h\mid v^t)}\left(\frac{\partial\left(-E(\boldsymbol{v}^t,\ \boldsymbol{h})\right)}{\partial \theta_i}\right)-E_{p(v,\ h)}\left(\frac{\partial\left(-E(\boldsymbol{v},\ \boldsymbol{h})\right)}{\partial \theta_i}\right)\right]
\end{aligned}
\tag{2-20}
$$

式（2-20）梯度计算一般采用近似方法来估计。式（2-20）的两项期望都可采用Monte Carlo思想来近似计算；式（2-20）第一项的期望因涉及样本，既可以直接计算，也可以用采样的方法来近似计算；第二项联合分布$p(\boldsymbol{v}, \boldsymbol{h})$涉及可见单元和隐单元，还涉及归一化因子，该分布很难获取，因此一般采用Monte Carlo思想来近似计算。然而，Hinton提出了CD算法，只需要k步（通常$k=1$）Gibbs采样就可以很好地近似该分布，因此，第二项能近似计算。式（2-20）梯度计算，最开始采用Gibbs采样、平均场方法、变分近似方法来近似计算，在CD算法后有PCD算法、FPCD算法、ACD等梯度近似算法。

2.2 受限Boltzmann机采样算法

RBM的主要任务就是通过学习训练数据，以拟合给定的训练数据的概率分布。随机模拟方法的核心就是如何对一个概率分布得到样本，即抽样。Monte Carlo算法是利用随机采样对一个目标函数做近似，其思想是从容易抽样的概率分布中进行抽样，从而得到不容易抽样分布的近似解。Monte Carlo方法可产生相关样本和独立样本，产生相关样本的抽样方法称为Markov链Monte Carlo方法（MCMC方法），MCMC方法是关联采样，即下一个样本与这个样本相关，从而使得采样效率高。MCMC方法的基本思想是：通过构建一个Markov链，使得该Markov链的稳定分布是所要采样的目标分布。如果这个Markov链达到稳定状态，则来自这个链的每个样本都是目标分布的样本，从而实现抽样的目的。MCMC抽样方法有三种：Metropolis-Hastings采样、Gibbs采样、基于回火的MCMC算法，其中Gibbs采样是Metropolis-Hastings采样的特殊形式，即接受概率为1的情形。基于回火算法主要是为了

Markov链在面临多个峰值之间的转移时也能尽快地混合，除了考虑同一温度下分布内的状态转移，同时也考虑在不同温度的分布之间进行状态转移。基于回火算法包含模拟回火算法、回火转移算法和平行退火算法。重要性采样（Importance Sampling，IS）属于独立采样，即样本与样本之间是独立无关的，重要性采样目的并不是用来产生一个样本的，而是求一个函数的定积分的，该定积分的求法是通过对一个容易采集分布的随机采样得到的。以下将介绍RBM模型中的Gibbs采样、平行退火采样和退火重要性采样三种常见的采样方法。

2.2.1 Gibbs采样

Gibbs采样是Metropolis-Hastings采样的特殊形式，即接受概率为1的情形，这样大大提高了Markov链的收敛速度。在Gibbs采样中，假设系统有m个变量组成，定义系统状态$\boldsymbol{x}=(x_1, x_2, \cdots, x_m)$，且对任一变量$x_i$，我们能直接从条件分布$p(x_i|x_1, x_2, \cdots, x_{i-1}, x_{i+1}, \cdots, x_m)$中为其采样。则Gibbs采样流程如算法2.1所示：

算法2.1 Gibbs采样.

1）初始化系统状态为$\boldsymbol{x}^{(0)}$

2）初始化时间$t \leftarrow 0$

3）对$X^{(t)}$的每个分量x_i，$i=1, 2, \cdots, m$，按以下条件概率对其采样

$p(x_i^{(t+1)}|x_1^{(t+1)}, x_2^{(t+1)}, \cdots, x_{i-1}^{(t+1)}, x_{i+1}^{(t+1)}, \cdots, x_m^{(t+1)})$

4）$t \leftarrow t+1$

5）若t少于足够的转移次数，则返回第3）步

6）返回$\boldsymbol{x}^{(t)}$作为采集到的样本

RBM模型的经典采样方法是Gibbs采样，对$\sum_{\boldsymbol{v}} p(\boldsymbol{v}) p(h_j=1|\boldsymbol{v}) \times v_i$求期望，直接使用输入样本不行！因为现在要表示的是RBM的分布$p(\boldsymbol{v})$，输入样本符合样本空间的分布$q(\boldsymbol{v})$，却不一定符合RBM网络的分布$p(\boldsymbol{v})$，由于RBM的网络结构下一步$\boldsymbol{v}^{(t)}$的状态只与当前一步$\boldsymbol{v}^{(t-1)}$的状态有关，因此RBM中关于$\boldsymbol{v}$的概率计算看作一个Markov链，Markov链的性质也可被应用于RBM的计算过程中，转移矩阵p为：

$$p(\boldsymbol{v}^{(t)} | \boldsymbol{v}^{(t-1)}) = p(\boldsymbol{v}^{(t)} | \boldsymbol{h}^{(t-1)}) p(\boldsymbol{h}^{(t-1)} | \boldsymbol{v}^{(t-1)}) \tag{2-21}$$

基于RBM模型的对称结构，以及其中节点的条件独立性，可用Gibbs抽样方法得到服从RBM网络表示的分布样本$\tilde{\boldsymbol{v}}^t$或者$\boldsymbol{y}$。在RBM中进行k步Gibbs抽样具体过程是：用一个训练样本$\boldsymbol{v}^t$或$\boldsymbol{x}$初始化后付给可视节点作为RBM系统随机初始状态$\boldsymbol{v}^{(0)}$，然后通过$\boldsymbol{v}^{(0)}$采样隐层节点$\boldsymbol{h}$状态为$\boldsymbol{h}^{(0)}$，得到隐层节点的初始状态$\boldsymbol{h}^{(0)}$后，再返回来采样可视节点的第二次状态$\boldsymbol{v}^{(1)}$，$\boldsymbol{v}^{(1)}$可看作是对$\boldsymbol{v}^{(0)}$的第一次重构，然后通过$\boldsymbol{v}^{(1)}$再采样隐层各节点状态$\boldsymbol{h}^{(1)}$，继续交替采样，由$\boldsymbol{h}^{(1)}$采样$\boldsymbol{v}^{(2)}$，…即：

$$\begin{aligned} &\boldsymbol{h}^{(0)} \sim p(\boldsymbol{h} | \boldsymbol{v}^{(0)}), \qquad \boldsymbol{v}^{(1)} \sim p(\boldsymbol{v} | \boldsymbol{h}^{(0)}) \\ &\boldsymbol{h}^{(1)} \sim p(\boldsymbol{h} | \boldsymbol{v}^{(1)}), \qquad \boldsymbol{v}^{(2)} \sim p(\boldsymbol{v} | \boldsymbol{h}^{(1)}) \\ &\qquad \cdots \qquad\qquad\quad \boldsymbol{v}^{(k+1)} \sim p(\boldsymbol{v} | \boldsymbol{h}^{(k)}) \end{aligned} \tag{2-22}$$

在 RBM 系统中由 $\boldsymbol{v}^{(0)} \to \boldsymbol{h}^{(0)} \to \boldsymbol{v}^{(1)} \to \boldsymbol{h}^{(1)} \to \boldsymbol{v}^{(2)} \to \cdots \to \boldsymbol{v}^{(k+1)}$ 交替采样时，以概率大小的比较来激活各隐单元和可见单元的二值状态。在第一步对样本 $\boldsymbol{x}$ 进行初始化后作为系统的随机初始状态 $\boldsymbol{v}_0$，则利用前面推导的条件概率公式 $p(h_j = 1|\boldsymbol{v}) = sigmoid(b_j + \sum_{i=1}^{n} v_i w_{ij})$ 来计算所有隐层单元被激活的二值状态，具体做法是让 $p(h_j = 1|\boldsymbol{v})$ 的值与[0，1]随机产生的一个均匀分布的随机数 r_i 去比较，若 $p(h_j = 1|\boldsymbol{v}) = sigmoid(b_j + \sum_{i=1}^{n} v_i w_{ij}) > r_i$ 则激活第 j 个隐单元的状态 $h_j = 1$；否则 $h_j = 0$；在所有隐单元状态确定后，同样可根据 $p(v_i = 1|\boldsymbol{h}) = sigmoid(a_i + \sum_{j=1}^{m} w_{ij} h_j)$ 的值来确定是否激活可见单元的二值状态，进而产生可见层的一个重构。

在抽样步数 k 足够大的情况下，就可得到RBM网络所表示的分布的样本 $\boldsymbol{y}$，得到这些样本后就可用来计算梯度的第二项了。但是，不容易确定究竟什么时候才能达到稳态的RBM分布，还有训练也会比较费时，所以2002年Hinton提出了一个快速的CD算法，实践证明 $k = 1$ 就能取得比较好的效果。即：当一个训练样本 $\boldsymbol{x}$ 时，采样 $\boldsymbol{h}^{(0)} \sim p(\boldsymbol{h} | \boldsymbol{v}^{(0)})$ $\boldsymbol{v}^{(1)} \sim p(\boldsymbol{v} | \boldsymbol{h}^{(0)})$ $\boldsymbol{h}^{(1)} \sim p(\boldsymbol{h} | \boldsymbol{v}^{(1)})$ 就可以用来近似RBM梯度了，然后开始更新各参数。这整个Gibbs采样过程以及激活状态原理利用了Markov链的性质。

Gibbs采样是通过运行一个Markov链来逼近目标分布，当目标分布较简单时可以取得较好效果。若目标分布较复杂时，存在多个峰值，Markov链的混合就很慢甚至是混合失败。对于不同峰值之间的Markov链，通过回火来混合，典型的算法有模拟回火、回火转移和平行退火等。

2.2.2 平行退火采样

Gibbs采样和平行退火采样目的一样，都是为了估算式（2-20）的联合概率$p(\boldsymbol{v}, \boldsymbol{h})$下的期望值。由于PT采样算法需要运行多条温度链，温度链之间要进行频繁的采样交换，所以PT算法的运行时间较长。但由于PT算法可以更有效地获得样本分布的整体结构，特别是针对多模分布，经过长时间迭代，PT算法可以获得更好的采样精度。

PT采样是用于代替Gibbs采样，运用多条采样链来获得真实梯度的近似值，采用有索引温度参数的目标分布$p_{t_k}(\boldsymbol{x}) = \frac{e^{-\frac{E(\boldsymbol{x})}{t_k}}}{Z(t_k)}$进行采样，其基本思想是模拟不同温度平行运行多个MCMC链，每个MCMC链在一个有序序列温度t_k上，$1 = t_0 < t_1 < t_2 < \cdots < t_k \cdots < t_K = \tau$，其中$t_0 = 1$是目标分布采样温度，$t_K = \tau$是高温。引入交叉温度状态互换，每个运行步骤中，以交换概率$\gamma = \frac{p_{t_k}(\boldsymbol{x}_{k+1}) p_{t_{k+1}}(\boldsymbol{x}_k)}{p_{t_k}(\boldsymbol{x}_k) p_{t_{k+1}}(\boldsymbol{x}_{k+1})}$交换温度$t_k$和$t_{k+1}$上运行2个相邻链之间的样本。对于Gibbs分布，有$Z = e^{(\beta_k - \beta_{k+1})(E(\boldsymbol{x}_k) - E(\boldsymbol{x}_{k+1}))}$，其中$\beta_k$是逆温度参数。在每个梯度更新步骤中，随机选择的相邻链之间执行状态互换后，所有的MCMC链都执行一

步Gibbs采样。在更高的温度下的MCMC链对应的模型分布更加扩散，即不同温度下的不同状态，因此可以产生的样本差异性较大，有利于更好地搜索状态空间，而当温度为1时，能采样出更精确的样本。平行退火采样的主要步骤如算法2.2所示：

算法2.2 平行退火采样（PT）

1）产生一系列的RBM模型R_0，R_1，R_2，…，R_K，对于模型R_k的参数

$$\theta_k = \{t_k \boldsymbol{W},\ \boldsymbol{a},\ \boldsymbol{b}\}，其中 1 = t_0 < t_1 < t_2 < \cdots < t_k \cdots < t_K = \tau$$

2）产生一个空的样本集合$X = \{\}$

3）集合$X_0 = \{\boldsymbol{x}_{0,0},\ \boldsymbol{x}_{1,0},\ \cdots,\ \boldsymbol{x}_{K,0}\}$，其中每个$\boldsymbol{x}_{k,0}$是均匀分布的随机向量

4）For $m = 1, 2, \cdots, M$，其中M为温度链条数

① 从RBM一系列模型中都进行一步Gibbs采样，如从模型R_k中的样本$\boldsymbol{x}_{k,m-1}$中一步采样后得到$\boldsymbol{x}_{k,m}$，这样可以得到集合

$$X_m = \{\boldsymbol{x}_{0,m},\ \boldsymbol{x}_{1,m},\ \cdots,\ \boldsymbol{x}_{K,m}\}$$

② For $j = K, K-1, \cdots, 1$

根据交换概率$\gamma = \dfrac{p_{t_k}(\boldsymbol{x}_{k+1})p_{t_{k+1}}(\boldsymbol{x}_k)}{p_{t_k}(\boldsymbol{x}_k)p_{t_{k+1}}(\boldsymbol{x}_{k+1})}$交换不同温度上的2个相邻链之间的样本$\boldsymbol{x}_{j,m}$和$\boldsymbol{x}_{j-1,m}$

End

③ 将$\boldsymbol{x}_{K,m}$加到集合X中

End

5）X就是PT采样得到的一系列样本集合

尽管平行退火采样能采样到较精确的样本，但是它仍然无法在采样复杂的基于能量的模型中有更进一步的表现，一个可能的原因是在临界温度时温度转移概率必须设置得非常慢（因为温度需要逐渐下降）来确保回火的有效性，Markov链混合的难点一直存在，接下来换个角度来估算梯度值。

2.2.3 重要性采样

重要性采样跟Gibbs采样和平行退火采样不一样，IS目的并不是用来产生一个样本，而是求一个定积分，该定积分不好求，而是引入一个较为简单的分布，在这个简单的分布上进行采样，最后利用采样到的样本和两个分布之间的关系对原分布的均值进行估算。IS在RBM模型中是用来估计概率模型中的配分函数$Z_\theta = \sum_{\boldsymbol{v},\boldsymbol{h}} \mathrm{e}^{-E(\boldsymbol{v},\boldsymbol{h})}$的。

在RBM模型中，令$\sum_{\boldsymbol{h}} \mathrm{e}^{-E(\boldsymbol{v},\boldsymbol{h})} = p^*(\boldsymbol{v})$，则

$$Z_\theta = \sum_{\boldsymbol{v},\boldsymbol{h}} \mathrm{e}^{-E(\boldsymbol{v},\boldsymbol{h})} = \sum_{\boldsymbol{v}}\sum_{\boldsymbol{h}} \mathrm{e}^{-E(\boldsymbol{v},\boldsymbol{h})} = \sum_{\boldsymbol{v}} p^*(\boldsymbol{v}) \tag{2-23}$$

而关注的分布变为

$$p(\boldsymbol{v}) = \sum_{\boldsymbol{h}} p(\boldsymbol{v},\boldsymbol{h}) = \frac{1}{Z_\theta}\sum_{\boldsymbol{h}} \mathrm{e}^{-E(\boldsymbol{v},\boldsymbol{h})} = \frac{p^*(\boldsymbol{v})}{Z_\theta} \tag{2-24}$$

从而

$$Z_\theta = \frac{p^*(\boldsymbol{v})}{p(\boldsymbol{v})} \tag{2-25}$$

假设有两个RBM模型：A模型和B模型，模型参数分别为θ_A与

θ_B；已知A是一个简单的RBM模型，它的分布p_A与归一化因子Z_A易采样得到，此时就可以计算出模型B在分布p_B下的归一化因子Z_B，这就是IS的基本思想。两个RBM模型的配分函数比值为：

$$\frac{Z_B}{Z_A}=\frac{\sum_{\boldsymbol{v}}p_B^*(\boldsymbol{v})}{Z_A}=\sum_{\boldsymbol{v}}\frac{p_B^*(\boldsymbol{v})}{Z_A}=\sum_{\boldsymbol{v}}\frac{p_B^*(\boldsymbol{v})}{\frac{p_A^*(\boldsymbol{v})}{p_A(\boldsymbol{v})}}$$

$$=\sum_{\boldsymbol{v}}\frac{p_B^*(\boldsymbol{v})}{p_A^*(\boldsymbol{v})}p_A(\boldsymbol{v})=E_{p_A(\boldsymbol{v})}\left[\frac{p_B^*(\boldsymbol{v})}{p_A^*(\boldsymbol{v})}\right] \tag{2-26}$$

从而在分布p_A上采样一些样本$\boldsymbol{v}^{(i)}\sim p_A$，$i=1$，2，…，$M$，用Monte Carlo思想近似求期望$E_{p_A(\boldsymbol{v})}\left[\frac{p_B^*(\boldsymbol{v})}{p_A^*(\boldsymbol{v})}\right]$：

$$E_{p_A(\boldsymbol{v})}\left[\frac{p_B^*(\boldsymbol{v})}{p_A^*(\boldsymbol{v})}\right]\approx\frac{1}{M}\sum_{i=1}^{M}\frac{p_B^*(\boldsymbol{v}^{(i)})}{p_A^*(\boldsymbol{v}^{(i)})}=\frac{1}{M}\sum_{i=1}^{M}w^{(i)}=\hat{r}_{IS} \tag{2-27}$$

因此可得：

$$Z_B=\hat{r}_{IS}\cdot Z_A \tag{2-28}$$

用IS算法评价RBM的优点是：借助于简单的分布并采样，而不直接对模型的目标分布进行采样，这样避免了目标分布出现不平稳的状况时采样的不确定性。不过IS算法也有缺点：当目标分布和所引入的简单分布这两个分布状态的差别很大时，就会引起估计值有很高的偏差，导致评价的结果很不准确。为此，Salakhutdinov等在IS算法的基础上，将其改进算法退火式重要性采样对RBM进行采样，从而克服了IS高偏差的问题。

退火式重要性采样就是在IS的基础上，在两个分布的中间引入大量的分布，使得这些中间分布的相邻两个分布十分相似，从而克服了IS分布差别过大时所造成的高偏差问题。在简单分布p_A与目标分布p_B分布之间插入一系列分布：

$$p_A = p_0,\ p_1,\ p_2,\ \cdots,\ p_{K-1},\ p_K = p_B \tag{2-29}$$

其中$p_k(\boldsymbol{v}) = \dfrac{p_k^*(\boldsymbol{v})}{Z_k}$，$k = 0，1，2\cdots，K$。这里的$\theta_A = \{0,\ a_i^A,\ b_j^A\}$，则RBM的$A$模型的配分函数和似然函数分别为$Z_A = 2^{M_A}\prod_i(1 + \mathrm{e}^{a_i^A})$，$p_A(\boldsymbol{v}) = \prod_i \dfrac{1}{1 + \mathrm{e}^{-a_i^A}}$，该模型称为基率模型。

退火式重要性采样的主要步骤如算法2.3所示：

算法2.3 退火式重要性采样（AIS）

For $k = 0，1，2\cdots，M$

1）按照如下产生样本$\boldsymbol{v}_1,\ \boldsymbol{v}_2,\ \cdots,\ \boldsymbol{v}_K$:

从$p_A = p_0$中采样$\boldsymbol{v}_1$

给定$\boldsymbol{v}_1$用状态转换因子$T_1(\boldsymbol{v}_2,\ \boldsymbol{v}_1)$对$\boldsymbol{v}_2$进行采样

给定$\boldsymbol{v}_2$用状态转换因子$T_2(\boldsymbol{v}_3,,\ \boldsymbol{v}_2)$对$\boldsymbol{v}_3$进行采样

⋮

给定$\boldsymbol{v}_{K-1}$用状态转换因子$T_{K-1}(\boldsymbol{v}_K,\ \boldsymbol{v}_{K-1})$对$\boldsymbol{v}_K$进行采样

2）计算

$$w^{(i)} = \frac{p_1^*(\boldsymbol{v}^{(1)})}{p_0^*(\boldsymbol{v}^{(1)})}\frac{p_2^*(\boldsymbol{v}^{(2)})}{p_1^*(\boldsymbol{v}^{(1)})}\cdots\frac{p_K^*(\boldsymbol{v}^{(K)})}{p_{K-1}^*(\boldsymbol{v}^{(K)})}$$

End

3）估计配分函数的比率

$$\frac{Z_B}{Z_A} \approx \frac{1}{M}\sum_{i=1}^{M} w^{(i)} = \hat{r}_{AIS}$$

2.2节中的3种采样方法都是为了估计对数似然函数的梯度，尽量使得近似梯度与真实梯度的误差尽可能小。在CD算法中，每次迭代时都需要重新启动Markov链，每次采样都以样本数据作为采样初始值，采样效率会低些。因此，后面提出PCD算法（也称SML算法），它不用每次重新初始化Markov链，在学习率足够小的前提下，每次参数更新后，以上次采样迭代的采样值作为下次采样迭代的初始值进行迭代，PCD可以为隐单元和可见单元都提供初始值，而CD只能为可见单元提供初始值。Bengio等用实验来检验CD和PCD进行梯度估计带来的偏差和方差，证明CD比基于精确采样的估计具有更低的方差，而PCD有更高的方差。CD算法具有较低的方差原因是，其在正相和负相中使用了相同的训练点，而PCD从不同的训练点来初始化负相，则方差会比基于精确采样的估计的方差更大，可以用增强MCMC采样技术的平行退火算法来加以改进，且PCD还会存在Markov链的混合时间的问题。所以，又提出了FPCD算法，在负相阶段引入了额外较大的权重来提高样本的混合率，且用较大的学习率来训练，能够使Markov链快速混合，同时较大权重使用显著的权重衰减来保证它们的作用是临时的。但这并没有从本质上提高CD算法的混合率。因此，需要改进采样技术来提高混合率。无论是RBM采样算法，还是RBM梯度近似算法，它们都是用来近似似然函数梯度式

(2-20)的计算。

2.3 动量算法

针对深度神经网络学习时间长的问题，Polyak提出加速网络收敛的动量算法。动量算法在神经网络领域中，通常是用来加速和提高BP算法的。Rumelhart等提出动量项能加速整个BP网络的学习速度，也是一种改进算法稳定性的途径。引入动量项m^*，使得本次参数值修改的方向不完全由当前样本下的似然函数梯度方向决定，而采用上一次参数值修改方向与本次梯度方向的组合，在某些情况下，这样可以避免算法过早地收敛到局部最优点。

这种组合方式常见的有两种：一种是采取上一次参数值修改方向与本次梯度的负方向组合的经典动量方式，另一种是Nesterov动量方式。在随机梯度方法中引入动量项，研究表明，这两种动量方式的确有加速网络收敛和提高学习性能的效果。Nesterov动量和经典动量之间的区别体现在梯度计算上，Nesterov动量中，梯度计算在施加当前速度之后。因此，Nesterov动量可看作在经典动量算法中添加了一校正因子。

经典的动量方式为：

$$\Delta\theta_t = m^*\Delta\theta_{t-1} - \eta\left[\frac{\partial L(\theta)}{\partial\theta_i}\right] \tag{2-30}$$

Nesterov动量方式为：

$$\Delta\theta_t = m^* \Delta\theta_{t-1} - \eta\left[\frac{\partial L(\theta + m^* \Delta\theta_{t-1})}{\partial\theta_i}\right] \tag{2-31}$$

以上动量算法用于RBM训练阶段，其算法如2.4所示：

算法2.4 使用动量的随机梯度上升算法

1）输入训练样本$\boldsymbol{x}$，设可见单元个数n，隐单元个数m，学习率η，动量m^*

2）初始化：随机初始化$\Delta w_{ij} = \Delta a_i = \Delta b_j = 0$

3）$\boldsymbol{v}^{(0)} \leftarrow \boldsymbol{x}$

4）Gibbs采样：For $j = 1, 2, \cdots, m$，采样$h_j^{(t)} \sim p(h_j|\boldsymbol{v}^{(t)})$

For $i = 1, 2, \cdots, n$，采样$v_i^{(t+1)} \sim p(v_i|\boldsymbol{h}^{(t)})$

5）For $i = 1, 2, \cdots, n$； $j = 1, 2, \cdots, m$

6）一个训练样本时，参数更新：

7）$\Delta w_{ij} \leftarrow m^* \cdot \Delta w_{ij} + \eta\left(\left\langle v_i h_j \right\rangle_{data} - \left\langle v_i h_j \right\rangle_{recon}\right)$

$\Delta a_i \leftarrow m^* \cdot \Delta a_i + \eta\left(\left\langle v_i \right\rangle_{data} - \left\langle v_i \right\rangle_{recon}\right)$

$\Delta b_j \leftarrow m^* \cdot \Delta b_j + \eta\left(\left\langle h_j \right\rangle_{data} - \left\langle h_j \right\rangle_{recon}\right)$

其中$\langle\cdot\rangle_{data}$表示此数据样本分布的期望，$\langle\cdot\rangle_{recon}$表示经Gibbs采样重构数据分布的期望

8）End For

Freund和Haussler在1992年已经证明在RBM模型中，生成的可见层向量的概率与每个隐单元独立作用而产生的可见层向量（重构的可见层数据向量）的概率乘积成正比。因此，可以把一个RBM看成

是一个特殊的专家乘积系统，它的每个隐单元都被作为一个独立的专家系统。每个专家对可见层节点的状态产生的影响不够强，但所有专家的观察结果连乘起来就足够强大了。可见$p(\boldsymbol{v})$是由独立专家乘积组成，称为专家乘积系统（Product of Experts，POE），在学习的过程中利用Gibbs采样和*KL*偏差的方法，使高维模型获得更理想的概率分布。我们依据概率分布特性和专家乘积系统原理，以及1987年Peterson等用简单的平均场方法，即全部用真实的概率值来代替随机的二值状态来近似达到系统平稳时的分布。Mayraz等、Liao等和Malallah等利用专家乘积方法来识别手写数字体也取得了不错的效果。Mayraz等将权衰减动量与专家乘积方法相结合，相对浅层学习而言取得了比较好的效果，但网络运行时间较长。也有通过并行结构来加速，如Lopes等和Zhang等提出RBM模型分别在多个处理器和Hadoop平台进行，时间有较大提高。

还有不同模型的融合，比如将CNN与RBM算法各自的优点相结合，形成卷积RBM算法。Lee等利用卷积神经网络处理图片的优点，提出了卷积受限Boltzmann机，提出增加隐单元的概率聚合机制，但隐单元的聚合计算复杂度较高、训练缓慢等问题。Norouzi也将卷积神经网络与受限Boltzmann机相结合，提出隐单元的极大值聚合机制，其优势在于有效降低聚合机制的算法复杂度，但缺陷是易忽略图像的细微特征，而这些特征对于图像识别往往是有效的。刘凯等针对卷积DBN存在计算复杂度高和训练缓慢的问题，提出改进的卷积受限Boltzmann机用于图像特征提取，并引入性能较好的交叉熵稀疏惩罚因子和dropout训练方法取得了较好的分类效果。

利用动量优化算法，能加快网络收敛，取得了较好的效果，但网络运行时间依然较长；如果在多个处理器和Hadoop平台进行，时间有较大提高，但分类效果不理想，也即网络的泛化能力和鲁棒性有待进一步提高。

2.4 RBM正则化方法

正则化的提出是为了减少机器学习中过拟合的问题。正则化定义是，修改学习算法，使其降低泛化误差而非训练误差。在目标函数中加入对参数的约束惩罚项，这些额外的约束和惩罚可以改善模型在测试集上的表现，以便提高泛化能力。

RBM模型中引入稀疏性限制实质都是对隐单元稀疏性的控制，对RBM稀疏化就是使其隐单元只有少数神经元被激活，即只有少数神经元参与到特定刺激信号的编码中。而每个神经元对这些刺激信号采用稀疏原则进行表示，将图像在边缘、端点、条纹等方面的特性以稀疏编码的形式进行描述。从数学的角度来看，稀疏编码是一种采用低维数据对高维数据进行描述的方法，输入信号经稀疏化后，只有少数分量同时处于明显激活状态，这大致等价于编码后的分量呈超高斯分布。人类视觉信息处理系统采用的是稀疏编码策略，故利用正则化方法使RBM通过学习得到输入信号的稀疏表示，从而找到输入信号的主要驱动变量。

此外，将多个稀疏RBM堆叠起来可以学习到输入信号更本质的特征。稀疏RBM通过模拟人类视觉系统的工作原理，获取输入数据的稀疏表示，展现其强大的特征学习能力。因此，RBM的稀疏性限制能有效去除冗余信息，减少复杂度和引导隐单元提取更本质的特征。以下介绍常见的七种正则化方法。

2.4.1 误差平方和稀疏惩罚因子

Lee等将稀疏编码策略运用到了RBM模型中，提出的基于误差平方和稀疏惩罚因子的稀疏RBM，是在对数似然函数的基础上引入一个稀疏惩罚项L_{S1}，来惩罚平均激活概率偏离给定水平p的隐单元。给定T个数据训练集$\boldsymbol{v}^1$，$\boldsymbol{v}^2$，…，$\boldsymbol{v}^T$，SRBM的目标函数为：

$$\underset{\theta}{\text{maximize}}\ \{L(\theta)-\lambda L_{S1}\}=\underset{\theta}{\text{maximize}}\left\{\frac{1}{T}\sum_{t=1}^{T}\ln\sum_{\boldsymbol{h}^t}p\ (\boldsymbol{v}^t,\ \boldsymbol{h}^t)-\lambda\sum_{j=1}^{m}\left|p-\frac{1}{T}\sum_{t=1}^{T}E\left(h_j^t|\boldsymbol{v}^t\right)\right|^2\right\} \tag{2-32}$$

其中$L_{S1}=\sum_{j=1}^{m}\left|p-\frac{1}{T}\sum_{t=1}^{T}E\left(h_j^t|\boldsymbol{v}^t\right)\right|^2$，$\boldsymbol{h}^t$表示隐含层数据集，$E\left(h_j^t|\boldsymbol{v}^t\right)$表示输入数据的条件期望，$\lambda$为正则化参数，$p$是用来控制隐单元稀疏度的常数。

而条件期望：

$$\begin{aligned}E\left(h_j^t|\boldsymbol{v}^t\right)&=\sum_{h_j^t}p(h_j^t|\boldsymbol{v}^t)\,h_j^t\\&=p(h_j^t=1|\boldsymbol{v}^t)\cdot 1+p(h_j^t=0|\boldsymbol{v}^t)\cdot 0\end{aligned}$$

$$= p(h_j^t = 1|\boldsymbol{v}^t) \tag{2-33}$$

其中概率 $p(h_j^t = 1|\boldsymbol{v}^t) = sigmoid(b_j + \sum_{i=1}^{n} v_i^t w_{ij}) = \sigma(b_j + \sum_{i=1}^{n} v_i^t w_{ij})$，sigmoid函数 $\sigma(x) = \dfrac{1}{1 + e^{-x}}$ 的导数为 $\sigma'(x) = \sigma(x)\big(1 - \sigma(x)\big)$，当一个训练样本的时候，其惩罚项 L_{S1} 对各参数更新为：

$$\begin{aligned}\frac{\partial L_{S1}}{\partial w_{ij}} &= 2\left(\sum_{j=1}^{m}\left| p - \sigma \right|\right)\sigma(1 - \sigma)v_i^t \\ &= 2\left(\sum_{j=1}^{m}\left| p - p(h_j^t = 1|\boldsymbol{v}^t)\right|\right)p(h_j^t = 1|\boldsymbol{v}^t)\big(1 - p(h_j^t = 1|\boldsymbol{v}^t)\big)v_i^t\end{aligned} \tag{2-34}$$

$$\frac{\partial L_{S1}}{\partial a_i} = 0 \tag{2-35}$$

$$\begin{aligned}\frac{\partial L_{S1}}{\partial b_j} &= 2\left(\sum_{j=1}^{m}\left| p - \sigma \right|\right)\big(\sigma(1 - \sigma)\big) \\ &= 2\left(\sum_{j=1}^{m}\left| p - p(h_j^t = 1|\boldsymbol{v}^t)\right|\right)p(h_j^t = 1|\boldsymbol{v}^t)\big(1 - p(h_j^t = 1|\boldsymbol{v}^t)\big)\end{aligned} \tag{2-36}$$

其中 $\sigma = p(h_j^t = 1|\boldsymbol{v}^t)$，从而SRBM模型中三个参数的更新方式变为：

$$\begin{aligned}\Delta w_{ij} = \Delta w_{ij} + \eta\left[v_i^{(0)} \times h_j^{(0)} - v_i^{(k)} \times p(h_j = 1|\boldsymbol{v}^{(k)})\right] - \\ 2\lambda\left(\sum_{j=1}^{m}\left| p - p(h_j = 1|\boldsymbol{v}^{(0)})\right|\right)p(h_j = 1|\boldsymbol{v}^{(0)})p(h_j = 0|\boldsymbol{v}^{(0)})v_i^{(0)}\end{aligned} \tag{2-37}$$

$$\Delta a_i = \Delta a_i + \eta [v_i^{(0)} - v_i^{(k)}] \tag{2-38}$$

$$\Delta b_j = \Delta b_j + \eta \left[h_j^{(0)} - p(h_j = 1|\boldsymbol{v}^{(k)}) \right] - 2\lambda \left(\sum_{j=1}^{m} \left| p - p(h_j = 1|\boldsymbol{v}^{(0)}) \right| \right) p(h_j = 1|\boldsymbol{v}^{(0)}) p(h_j = 0|\boldsymbol{v}^{(0)}) \tag{2-39}$$

SRBM模型在MNIST手写体数据库和自然图像数据库上的实验结果表明，SRBM可以有效提取图像中类似于Garbor滤波的特征，而这与初级视觉皮层细胞感受也十分相似，若将两个SRBM堆叠成深度模型，可以提取到更抽象的特征。

在稀疏性RBM的众多算法中，Lee的SRBM是最简单也是最常用的。然而，该算法需要在训练前设定期望概率p，即将同层所有隐单元赋予相同的平均激活概率。在实际应用中，如果将p的值设定得较小，每个隐单元的平均激活概率也较小，也就是说每个隐单元只被m个训练样本中的少量样本激活。给每个隐单元赋予相同的平均激活概率并非最优策略，因为隐单元的稀疏性与特定的任务有关，每个隐单元的激活概率有可能相同也有可能不同。

2.4.2 交叉熵稀疏惩罚因子

相比于绝对误差平方和，交叉熵更适用于描述两个小概率分布之间的差异。Hinton利用交叉熵概念提出了新的交叉熵稀疏惩罚因子：

$$L_{S2} = \sum_{j=1}^{m} \left\{ p \ln \left[\frac{1}{T} \sum_{t=1}^{T} p\left(h_j^t | \boldsymbol{v}^t \right) \right] + (1 - p) \ln \left[1 - \frac{1}{T} \sum_{t=1}^{T} p\left(h_j^t | \boldsymbol{v}^t \right) \right] \right\} \tag{2-40}$$

给定稀疏水平p，引入交叉熵稀疏惩罚因子的目标函数为：

$$\underset{\theta}{\text{maximize}}\ \{L(\theta)-\lambda L_{S2}\}=\underset{\theta}{\text{maximize}}\left\{\frac{1}{T}\sum_{t=1}^{T}\ln\sum_{\boldsymbol{h}^t}p\left(\boldsymbol{v}^t,\ \boldsymbol{h}^t\right)-\right.$$

$$\lambda\sum_{j=1}^{m}\left\{p\ln\left[\frac{1}{T}\sum_{t=1}^{T}p\left(h_j^t|\boldsymbol{v}^t\right)\right]+\right.$$

$$\left.\left.(1-p)\ln\left[1-\frac{1}{T}\sum_{t=1}^{T}p\left(h_j^t|\boldsymbol{v}^t\right)\right]\right\}\right\} \tag{2-41}$$

基于交叉熵稀疏模型中三个参数的更新方式变为：

$$\Delta w_{ij}=\Delta w_{ij}+\eta\left[v_i^{(0)}\times h_j^{(0)}-v_i^{(k)}\times p(h_j=1|\boldsymbol{v}^{(k)})\right]-$$

$$\lambda\sum_{j=1}^{m}\left(p-p(h_j=1|\boldsymbol{v}^{(0)})\right)v_i^{(0)} \tag{2-42}$$

$$\Delta a_i=\Delta a_i+\eta\left[v_i^{(0)}-v_i^{(k)}\right] \tag{2-43}$$

$$\Delta b_j=\Delta b_j+\eta\left[h_j^{(0)}-p(h_j=1|\boldsymbol{v}^{(k)})\right]-\lambda\sum_{j=1}^{m}\left(p-p(h_j=1|\boldsymbol{v}^{(0)})\right) \tag{2-44}$$

L_{S2}对RBM的影响在于使RBM在学习过程中的隐单元平均激活概率与p之间的KL距离达到最小，使隐单元具备整体稀疏性。Hinton的研究表明，L_{S2}相较于L_{S1}具有更好的稀疏效果，但L_{S2}同样没有解决隐单元之间的统计相关性问题。

2.4.3 l_1/l_2混合范数稀疏惩罚

之前的稀疏性方法，大多数假定特征间是相互独立的，但在实际问题中，特征与特征之间往往具有很强的统计相关性，直接学习所有隐单元之间的统计相关性是行不通的。因此，Luo等人将稀疏组方法应用到RBM中，提出稀疏组受限Boltzmann机。SGRBM的主要思想是，将隐单元平均划分到不重叠的组中，保持组与组之间相互独立；接下来，不是去学习组内各隐单元激活状态的相关性，而是通过正则化的方法惩罚组内隐单元的总体激活水平，使得组内各个隐单元相互竞争，最终达到稀疏性的目的。引入一个正则化的l_1/l_2混合范数，即给定训练数据情况下的隐单元激活概率的混合范数。给定T个数据训练集$\boldsymbol{v}^1$，$\boldsymbol{v}^2$，…，$\boldsymbol{v}^T$，将m个隐单元分成K组，所有组的大小相同且互相不重叠，第k组隐单元标识为g_k，则第k组隐单元激活概率$N_k(\boldsymbol{v}^t)$用一个l_2范数来定义：

$$N_k(\boldsymbol{v}^t)=\sqrt{\sum_{j\in g_k}\Big(p(h_j=1|\boldsymbol{v}^t)\Big)^2} \tag{2-45}$$

该范数即为组内隐单元激活概率向量的l_2范数，可看成是第k组隐单元的总体激活水平。

给定所有隐单元组的范数，相应的l_1/l_2混合范数为：

$$\sum_{k=1}^{K}\left|N_k(\boldsymbol{v}^t)\right|=\sum_{k=1}^{K}\sqrt{\sum_{j\in g_k}\Big(p(h_j=1|\boldsymbol{v}^t)\Big)^2} \tag{2-46}$$

该范数即为描述所有组间稀疏向量的l_1范数。则SGRBM的目标函数为：

$$\underset{\theta}{\text{maximize}}\ \{L(\theta)-\lambda L_{S3}\}=\underset{\theta}{\text{maximize}}\left\{\frac{1}{T}\sum_{t=1}^{T}\ln\sum_{\boldsymbol{h}^t}p\ (\boldsymbol{v}^t,\ \boldsymbol{h}^t)-\lambda\sum_{k=1}^{K}\left|\sqrt{\sum_{j\in g_k}\Big(p(h_j=1|\boldsymbol{v}^t)\Big)^2}\right|\right\} \tag{2-47}$$

这个 l_1/l_2 混合范数 $L_{S3}=\sum_{k=1}^{K}\left|\sqrt{\sum_{j\in g_k}\left(p(h_j=1|\boldsymbol{v}^t)\right)^2}\right|$，其第一个性质是鼓励很多组的隐单元的激活概率很小，即组间稀疏；第二个性质是鼓励组内稀疏。

则SGRBM模型中三个参数的更新方式变为：

$$\Delta w_{ij}=\Delta w_{ij}+\boldsymbol{\eta}\left[v_i^{(0)}\times p(h_j=1|\boldsymbol{v}^{(0)})-v_i^{(k)}\times p(h_j=1|\boldsymbol{v}^{(k)})\right]-\lambda\frac{1}{\sqrt{\sum_{j\in g_k}\left(p(h_j=1|\boldsymbol{v}^t)\right)^2}}\left(p(h_j=1|\boldsymbol{v}^{(0)})\right)^2 p(h_j=0|\boldsymbol{v}^{(0)})v_i^{(0)} \tag{2-48}$$

$$\Delta a_i=\Delta a_i+\boldsymbol{\eta}\left[v_i^{(0)}-v_i^{(k)}\right] \tag{2-49}$$

$$\Delta b_j=\Delta b_j+\boldsymbol{\eta}\left[p(h_j=1|\boldsymbol{v}^{(0)})-p(h_j=1|\boldsymbol{v}^{(k)})\right]-\lambda\frac{1}{\sqrt{\sum_{j\in g_k}\left(p(h_j=1|\boldsymbol{v}^t)\right)^2}}\left(p(h_j=1|\boldsymbol{v}^{(0)})\right)^2 p(h_j=0|\boldsymbol{v}^{(0)}) \tag{2-50}$$

SGRBM算法不足的是，其隐单元分组方式不明确且分组含义模糊，同时该算法无分组依据。刘凯等对SGRBM进行了拓展，分别利用交叉熵稀疏惩罚因子和SGRBM的优点，提出了将交叉熵稀疏惩罚因子与SGRBM混合来稀疏RBM，称为混合稀疏受限Boltzmann机（Hybrid Sparse Restricted Boltzmann Machine，HSRBM），通过引入范数调节因子更好地实现SGRBM的组内和组间稀疏，但依然没能解决SGRBM所存在的问题。

2.4.4 对数和正则化

姬楠楠等在2014年提出了对数和稀疏受限Boltzmann机（LogsumRBM），该模型的正则项是通过增加对数和范数来约束整个隐单元的激活概率，它的稀疏惩罚项L_{S4}为：

$$L_{S4} = \sum_{t=1}^{T}\sum_{j=1}^{m}\ln\left(1 + \frac{E\left(h_j^t|\boldsymbol{v}^t\right)}{\varepsilon}\right) \tag{2-51}$$

其中ε是超参数，它控制对数和范数与l_0范数之间的相似度，当$\varepsilon \to 0$时，对数和范数趋近于l_0范数。已经有研究表明，对数和范数能够很好地代替l_0范数并且取得相当的稀疏结果。与l_1范数相比，对数和范数在0附近有更尖锐的变化幅度，这一特性能更有效地表示稀疏性能。引入对数和稀疏惩罚因子的目标函数为：

$$\underset{\theta}{\text{maximize}}\ \{L(\theta) - \lambda L_{S4}\} = \underset{\theta}{\text{maximize}}\left\{\frac{1}{T}\sum_{t=1}^{T}\ln\sum_{\boldsymbol{h}^t}p\left(\boldsymbol{v}^t,\ \boldsymbol{h}^t\right) - \lambda\sum_{t=1}^{T}\sum_{j=1}^{m}\ln\left(1 + \frac{E\left(h_j^t|\boldsymbol{v}^t\right)}{\varepsilon}\right)\right\} \tag{2-52}$$

而$E\left(h_j^t|\boldsymbol{v}^t\right) = p(h_j^t = 1|\boldsymbol{v}^t)$，则惩罚项$L_{S4}$对各参数更新为：

$$\frac{\partial L_{S4}}{\partial w_{ij}} = \frac{1}{\varepsilon}\sum_{j=1}^{m}\frac{1}{1 + \frac{p(h_j^t = 1|\boldsymbol{v}^t)}{\varepsilon}}p(h_j^t = 1|\boldsymbol{v}^t)p(h_j^t = 0|\boldsymbol{v}^t)v_i^t \tag{2-53}$$

$$\frac{\partial L_{S4}}{\partial a_i} = 0 \tag{2-54}$$

$$\frac{\partial L_{S2}}{\partial b_j} = \frac{1}{\varepsilon}\sum_{j=1}^{m}\frac{1}{1+\frac{p(h_j^t=1|\boldsymbol{v}^t)}{\varepsilon}}p(h_j^t=1|\boldsymbol{v}^t)p(h_j^t=0|\boldsymbol{v}^t) \tag{2-55}$$

则LogsumRBM模型中三个参数的更新方式变为：

$$\Delta w_{ij} = \Delta w_{ij} + \eta\left[v_i^{(0)}\times h_j^{(0)} - v_i^{(k)}\times p(h_j=1|\boldsymbol{v}^{(k)})\right] - \frac{\lambda}{\varepsilon}\sum_{j=1}^{m}\frac{1}{1+\frac{p(h_j=1|\boldsymbol{v}^{(0)})}{\varepsilon}}p(h_j=1|\boldsymbol{v}^{(0)})p(h_j=0|\boldsymbol{v}^{(0)})v_i^{(0)} \tag{2-56}$$

$$\Delta a_i = \Delta a_i + \eta[v_i^{(0)} - v_i^{(k)}] \tag{2-57}$$

$$\Delta b_j = \Delta b_j + \eta\left[h_j^{(0)} - p(h_j=1|\boldsymbol{v}^{(k)})\right] - \frac{\lambda}{\varepsilon}\sum_{j=1}^{m}\frac{1}{1+\frac{p(h_j=1|\boldsymbol{v}^{(0)})}{\varepsilon}}p(h_j=1|\boldsymbol{v}^{(0)})p(h_j=0|\boldsymbol{v}^{(0)}) \tag{2-58}$$

当Logsum范数中的超参数越接近零时，Logsum范数就越接近l_0范数。此外，LogsumRBM不需要事先设定隐单元的平均激活概率，而是根据不同的任务学习相应的稀疏度。

2.4.5 基于率失真理论的稀疏响应

受信息论中率失真理论的启发，Ji等提出了基于率失真理论的稀疏响应RBM，在该模型中，RBM的均衡分布与输入数据的分布之间的KL散度被视为失真函数，并通过l_1范数来获得一个小的码率。在信息论中，随机变量Z的信息熵$H(Z)$就是Z的不确定性度量。如果对Z施加某些约束，那么变量Z的不确定性就会降低，同时信息熵就下降。基于上述分析，Ji等利用隐单元激活概率的l_1范数（即

$\left\| p(\boldsymbol{h}=1|\boldsymbol{v})\right\|_1$）来降低RBM所学习到的分布的信息熵，从而稀疏约束$E\left[\|Z\|_1\right]\leqslant\boldsymbol{\eta}$就可获得一个较小的码率。

因此，SR-RBM将原始输入的分布与RBM学习到的均衡分布之间的KL距离作为损失函数，同时利用隐单元激活概率的l_1范数获得一个较小的码率。其目标函数为：

$$\min_{\theta}\ \{KL+\lambda L_{S5}\}=\min_{\theta}\left\{KL(p^0\|p_{\theta}^{\infty})+\lambda\sum_{t=1}^{T}\left\| p\left(\boldsymbol{h}^t|\boldsymbol{v}^t\right)\right\|_1\right\} \tag{2-59}$$

当给一个训练样本时，$\sum_{t=1}^{T}\left\| p\left(\boldsymbol{h}^t|\boldsymbol{v}^t\right)\right\|_1$所描述的是该样本对所有隐单元的激活概率。

$$\sum_{t=1}^{T}\left\| p\left(\boldsymbol{h}^t|\boldsymbol{v}^t\right)\right\|_1=\left\| p\left(\boldsymbol{h}^t|\boldsymbol{v}^t\right)\right\|_1=\sum_{j=1}^{m}p(h_j^t=1|\boldsymbol{v}^t)=\sum_{j=1}^{m}sigmoid(b_j+\sum_{i=1}^{n}v_i^t w_{ij}),$$

则基于率失真理论的稀疏模型中三个参数的更新方式变为：

$$\Delta w_{ij}=\Delta w_{ij}+\boldsymbol{\eta}\left[v_i^{(0)}\times h_j^{(0)}-v_i^{(k)}\times p(h_j=1|\boldsymbol{v}^{(k)})\right]-\lambda\sum_{j=1}^{m}p(h_j=1|\boldsymbol{v}^{(0)})p(h_j=0|\boldsymbol{v}^{(0)})v_i^{(0)} \tag{2-60}$$

$$\Delta a_i=\Delta a_i+\boldsymbol{\eta}\left[v_i^{(0)}-v_i^{(k)}\right] \tag{2-61}$$

$$\Delta b_j=\Delta b_j+\boldsymbol{\eta}\left[h_j^{(0)}-p(h_j=1|\boldsymbol{v}^{(k)})\right]-\lambda\sum_{j=1}^{m}p(h_j=1|\boldsymbol{v}^{(0)})p(h_j=0|\boldsymbol{v}^{(0)}) \tag{2-62}$$

SR-RBM学习到图像的局部方向特征和类似于Gabor滤波的特征，但是，率失真理论解决得比较好的编码是分组码，而SR-RBM并未分组。同时，RBM属于概率模型，而率失真理论的使用需要建立在精确的模型上。此外，SR-RBM中的失真度量并不是正确的度量，因为目前尚无得到这种度量的正确方法，如何得到SR-RBM的最优失真度量还有待进一步研究。

2.4.6 arctan函数正则化

罗剑江等添加一个arctan函数正则项，提出ArctanRBM与SRBM不同的是，用arctan函数逼近l_0范数直接地约束隐单元的概率密度空间来达到隐单元稀疏的效果，而不是约束隐单元的平均激活概率期望达到相同的较低稀疏水平。arctan函数稀疏惩罚项L_{S6}为：

$$L_{S6} = \sum_{t=1}^{T}\sum_{j=1}^{m}\frac{2}{\pi}\arctan\left(\frac{\left|E\left(h_j^t|\boldsymbol{v}^t\right)\right|}{\varepsilon}\right) \tag{2-63}$$

其中ε是超参数，它控制arctan函数与l_0范数之间的相似程度，当$\varepsilon \to 0$时，arctan函数趋近于l_0范数。L_{S6}正则项并不限制每一个隐单元的稀疏度，而是通过直接对隐单元总的激活概率加以约束实现稀疏表示，每个隐单元的稀疏度根据不同的任务自动获取，这是最自然的稀疏诱导方式，同时保持SRBM的优点。这一特性能更有效地表示稀疏性能。引入arctan函数稀疏惩罚因子的目标函数为：

$$\underset{\theta}{\text{maximize}}\ \{L(\theta) - \lambda L_{S6}\} = \underset{\theta}{\text{maximize}}\left\{\frac{1}{T}\sum_{t=1}^{T}\ln\sum_{\boldsymbol{h}^t}p(\boldsymbol{v}^t,\ \boldsymbol{h}^t) - \lambda\sum_{t=1}^{T}\sum_{j=1}^{m}\frac{2}{\pi}\arctan\left(\frac{\left|E(h_j^t|\boldsymbol{v}^t)\right|}{\varepsilon}\right)\right\} \tag{2-64}$$

则模型中三个参数的更新方式变为：

$$\Delta w_{ij} = \Delta w_{ij} + \eta\left[v_i^{(0)} \times p(h_j = 1|\boldsymbol{v}^{(0)}) - v_i^{(k)} \times p(h_j = 1|\boldsymbol{v}^{(k)})\right] - \frac{2\lambda}{\pi\varepsilon}\sum_{j=1}^{m}\frac{1}{1+\left(\frac{p(h_j = 1|\boldsymbol{v}^{(0)})}{\varepsilon}\right)^2} p(h_j = 1|\boldsymbol{v}^{(0)})p(h_j = 0|\boldsymbol{v}^{(0)})v_i^{(0)} \tag{2-65}$$

$$\Delta a_i = \Delta a_i + \eta\left[v_i^{(0)} - v_i^{(k)}\right] \tag{2-66}$$

$$\Delta b_j = \Delta b_j + \eta\left[p(h_j = 1|\boldsymbol{v}^{(0)}) - p(h_j = 1|\boldsymbol{v}^{(k)})\right] - \frac{2\lambda}{\pi\varepsilon}\sum_{j=1}^{m}\frac{1}{1+\left(\frac{p(h_j = 1|\boldsymbol{v}^{(0)})}{\varepsilon}\right)^2} p(h_j = 1|\boldsymbol{v}^{(0)})p(h_j = 0|\boldsymbol{v}^{(0)}) \tag{2-67}$$

2.4.7 tan-sigmoid函数正则化

柴瑞敏等根据压缩感知理论，改进原来的稀疏项，用tan-sigmoid函数正则项逼近稀疏表示的最优解l_0范数。但l_1范数提供了更有效的稀疏性能，在一定条件下最小l_1范数的解就是函数的最稀疏解。与l_1范数相比，tan-sigmoid函数的斜率更接近于零，可以提供更有效的稀疏诱导性能。tan-sigmoid稀疏惩罚项L_{S7}为：

$$L_{S7} = \sum_{t=1}^{T}\sum_{j=1}^{m}\left(1 - \frac{2}{1+e^{\frac{2\left|E\left(h_j^t|\boldsymbol{v}^t\right)\right|}{\varepsilon}}}\right) \tag{2-68}$$

其中ε是超参数，它控制tan-sigmoid函数与l_0范数之间的相似度，当$\varepsilon \to 0$时，tan-sigmoid函数趋近于l_0范数。L_{S7}正则项并不限制每一个隐藏单元的稀疏度，而是根据不同的任务自动获取，即每个隐藏单元的稀疏水平可以根据输入的数据计算得到。不像Lee等人添加的正则项强制每个隐藏单元拥有相同的稀疏度（稀疏目标p），这一特性能更有效地表示稀疏性能，引入tan-sigmoid函数稀疏惩罚因子的目标函数为：

$$\underset{\theta}{\text{maximize}}\ \{L(\theta) - \lambda L_{S7}\} = \underset{\theta}{\text{maximize}}\left\{\frac{1}{T}\sum_{t=1}^{T}\ln\sum_{\boldsymbol{h}^t} p(\boldsymbol{v}^t, \boldsymbol{h}^t) - \lambda\sum_{t=1}^{T}\sum_{j=1}^{m}\left(1 - \frac{2}{1 + e^{\frac{2\left|E\left(h_j^t|\boldsymbol{v}^t\right)\right|}{\varepsilon}}}\right)\right\} \tag{2-69}$$

而$E\left(h_j^t|\boldsymbol{v}^t\right) = p(h_j^t = 1|\boldsymbol{v}^t)$，则惩罚项$L_{S7}$对各参数更新为：

$$\frac{\partial L_{S7}}{\partial w_{ij}} = \frac{4}{\varepsilon}\sum_{j=1}^{m}\frac{e^{\frac{2p(h_j^t = 1|\boldsymbol{v}^t)}{\varepsilon}}}{\left(1 + e^{\frac{2p(h_j^t = 1|\boldsymbol{v}^t)}{\varepsilon}}\right)^2} p(h_j^t = 1|\boldsymbol{v}^t)p(h_j^t = 0|\boldsymbol{v}^t)v_i^t \tag{2-70}$$

$$\frac{\partial L_{S7}}{\partial a_i} = 0 \tag{2-71}$$

$$\frac{\partial L_{S7}}{\partial b_j} = \frac{4}{\varepsilon}\sum_{j=1}^{m}\frac{e^{\frac{2p(h_j^t = 1|\boldsymbol{v}^t)}{\varepsilon}}}{\left(1 + e^{\frac{2p(h_j^t = 1|\boldsymbol{v}^t)}{\varepsilon}}\right)^2} p(h_j^t = 1|\boldsymbol{v}^t)p(h_j^t = 0|\boldsymbol{v}^t) \tag{2-72}$$

则模型中三个参数的更新方式变为：

$$\Delta w_{ij} = \Delta w_{ij} + \boldsymbol{\eta}\left[v_i^{(0)} \times h_j^{(0)} - v_i^{(k)} \times p(h_j = 1|\boldsymbol{v}^{(k)})\right] - \frac{4\lambda}{\varepsilon}\sum_{j=1}^{m}\frac{e^{\frac{2p(h_j = 1|\boldsymbol{v}^{(0)})}{\varepsilon}}}{\left(1 + e^{\frac{2p(h_j = 1|\boldsymbol{v}^{(0)})}{\varepsilon}}\right)^2} p(h_j = 1|\boldsymbol{v}^{(0)})p(h_j = 0|\boldsymbol{v}^{(0)})v_i^{(0)} \tag{2-73}$$

$$\Delta a_i = \Delta a_i + \eta\left[v_i^{(0)} - v_i^{(k)}\right] \tag{2-74}$$

$$\Delta b_j = \Delta b_j + \eta\left[h_j^{(0)} - p(h_j = 1|\boldsymbol{v}^{(k)})\right] -$$

$$\frac{4\lambda}{\varepsilon}\sum_{j=1}^{m}\frac{e^{\frac{2p(h_j = 1|\boldsymbol{v}^{(0)})}{\varepsilon}}}{\left(1 + e^{\frac{2p(h_j = 1|\boldsymbol{v}^{(0)})}{\varepsilon}}\right)^2} p(h_j = 1|\boldsymbol{v}^{(0)})p(h_j = 0|\boldsymbol{v}^{(0)}) \tag{2-75}$$

用tan-sigmoid函数正则项逼近稀疏表示的改进算法在小样本和低像素图像上的识别有一定优势，但在大样本上识别效果不佳。

以上7种正则化方法是对目标函数引入正则项，其正则化算法如2.5所示：

算法2.5　RBM正则化算法

1）用CD算法快速学习算法更新权值，η为学习率

$$w_{ij} \leftarrow w_{ij} + \eta\left(\left\langle v_i h_j\right\rangle_{data} - \left\langle v_i h_j\right\rangle_{recon}\right)$$

$$a_i \leftarrow a_i + \eta\left(\left\langle v_i\right\rangle_{data} - \left\langle v_i\right\rangle_{recon}\right)$$

$$b_j \leftarrow b_j + \eta\left(\left\langle h_j\right\rangle_{data} - \left\langle h_j\right\rangle_{recon}\right)$$

其中$\langle\cdot\rangle_{data}$表示此数据样本分布的期望，$\langle\cdot\rangle_{recon}$表示经Gibbs采样重构数据分布的期望

2）用正则项L_{sk}的梯度$\frac{\partial L_{sk}}{\partial w_{ij}}$，$\frac{\partial L_{sk}}{\partial a_i}$，$\frac{\partial L_{sk}}{\partial b_j}$分别来更新参数$w_{ij}$，$a_i$，$b_j$，其中$k = 1，2\cdots，7$

3）重复步骤1）与2），直到参数收敛

2.4.8 势能函数稀疏正则化

还有一种对联合分布函数$p(\boldsymbol{v},\ \boldsymbol{h})=\frac{e^{-E(\boldsymbol{v},\ \boldsymbol{h})}}{Z_\theta}$引入一个势能函数$\psi_k\left(\sum_{j=1}^{m}h_j\right)$稀疏性约束，如基数受限Boltzmann机（Cardinality Restricted Boltzmann Machines，CaRBM），其约束函数为：

$$p(\boldsymbol{v},\ \boldsymbol{h})=\frac{e^{-E(\boldsymbol{v},\ \boldsymbol{h})}}{Z_\theta}\cdot\psi_k\left(\sum_{j=1}^{m}h_j\right) \tag{2-76}$$

$\psi_k\left(\sum_{j=1}^{m}h_j\right)$为势能函数，其取值$\psi_k(b)=1$，当且仅当$b<k$，其余情况取值为0，$k$是激活隐单元数量的一个阈值。

基数受限Boltzmann机区别在于增加了势能函数项，而这一项对隐藏层单元激活数量（即$h_j=1$的个数）起到了直接限制的作用，使得条件分布$p(\boldsymbol{h}|\boldsymbol{v})$当且仅当$|\boldsymbol{h}|\leqslant k$时其值非零。这种限制相当于在隐藏层内引入竞争机制，因为对于任意输入$\boldsymbol{v}$，其在特征空间的表示至多只能用k个隐藏层单元。更进一步来说，即便标准RBM对于某些输入有大概率使用非稀疏表示，但在该限制的作用下，只有稀疏表示的情况能够被实现，这一点和稀疏编码方法相似，能够达到使所有样本都采用稀疏表示的目的，不同的是CaRBM的优化目标依然是最大化训练数据的似然，而稀疏编码则是最小化重构误差。由于在CaRBM中引入了基数势，这使得原本成立的隐藏层单元之间的条件独立性变得不再成立，于是不能直接套用RBM中的算法进行求解。

以上正则化方法在目标函数后面加正则项或随机“dropout”相应要求的隐含层节点，以达到稀疏隐单元的目的，给目标任务提高效率，取得了一定的效果，但仍然存在计算复杂、训练缓慢等问题。

2.5 本章小结

本章首先介绍了受限Boltzmann机的起源，包括Ising模型、Hopfield网络、Boltzmann分布和受限Boltzmann机模型。其次详细介绍了RBM的Gibbs采样、平行退火采样、退火重要性采样三种常见的采样算法；RBM梯度近似算法；RBM动量算法；RBM正则化方法，如基于误差平方和稀疏RBM、基于交叉熵稀疏RBM、l_1/l_2混合范数稀疏组RBM、交叉熵和稀疏组组合稀疏RBM、Logsum稀疏RBM、基于率失真理论的稀疏RBM、arctan函数稀疏RBM、tan-sigmoid函数稀疏RBM、势能函数稀疏RBM等；并分析了采样算法与梯度近似算法，动量算法，正则化方法各自算法的优缺点以及存在的问题。

接下来，本书将针对RBM算法在近似模型期望时效果不好、RBM动量加速有限、相关RBM梯度近似算法与采样算法之间如何提高CD算法混合率和RBM正则化方法计算效率与泛化能力受限这四个方面展开分析与研究，并提出相应的改进方法及相关算法的应用。

3

基于RBM的专家乘积系统的改进算法

3.1 引言

专家系统是一类具有专门知识和经验的计算机智能程序系统，它是人工智能的一个重要分支。深度学习在高维特征向量的信息提取和分类中具有很强的能力，但深度学习训练时间比较长，超参数搜索空间大，从而导致超参数寻优较困难。针对此问题，借鉴Mayraz等的专家乘积系统原理，本章提出基于RBM的专家乘积系统的改进算法。本章主要做了3个工作：首先，对专家乘积系统原理进行详细推导和梳理，并与RBM学习算法相结合，隐单元和可见单元的状态采用全是概率值的参数更新方式，但会导致模型识别效果不理想且会带来密度问题。因此，本研究修改了其中一个偏置的参数更新方式，使其在相同的时间内得到较好的分类效果且消除了权重的密度问题。其次，为了加速网络收敛，提出一种改进的动量算法，此动量算法既不同于传统的经典动量算法，也不同于Nesterov动量算法。最后，在MNIST和CMU-PIE数据库上做图像识别应用，以及地震数据去噪的应用，都取得了不错的识别效果和去噪效果。实验结果表明，与RBM同类传统算法相比，该算法在运行时间和识别精度上具有一定的优势。

3.2 专家乘积系统

专家系统能利用人工智能技术和计算机技术，根据某领域一个或多个专家提供的专业知识和经验，进行推理和判断，模拟人类专家的决策过程。专家系统的核心结构是知识库和推理机，专家系统简化结构如图3-1所示。

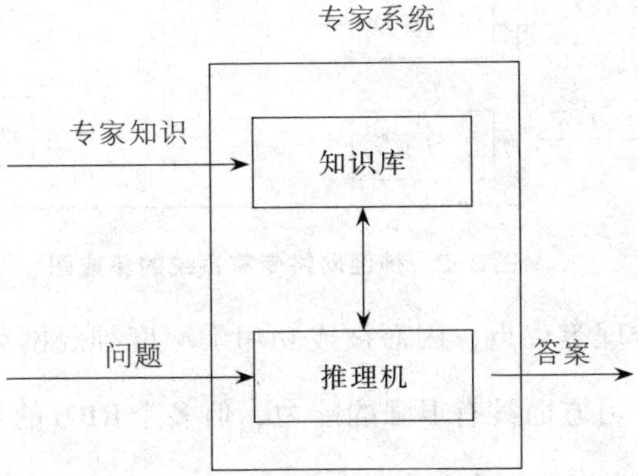

图3-1　专家系统简化结构图

神经网络通过自动学习获取知识的特点能解决专家系统实现过程中的一些难点问题，例如分类识别、办公自动化等问题。神经网络专家系统是将神经网络与专家系统集成，使其优势互补，其结构如图3-2所示。神经网络专家系统知识的获取无须人工整理和总结专家，而是通过网络学习自动获取；神经网络专家系统的推理机制是一种并行计算过程。神经网络专家系统与传统的专家系统相比在知识获取、并行推理、适应性学习、容错能力等方面有明显的优越性。因此，基于神经网络模型的专家系统是一种有效的综合智能系统，其核心在于网络学习算法的改进使神经网络及其专家系统具有更高的智能水平。

受限Boltzmann机是深度学习的经典模型之一。RBM具有表示力

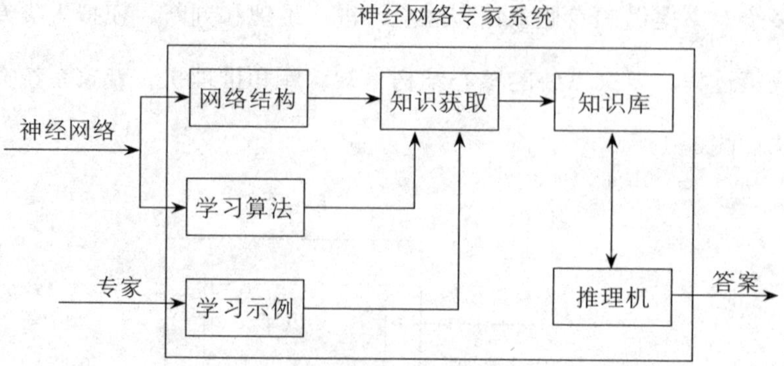

图3-2 神经网络专家系统的集成图

强、易于推理等优点，因而被成功用于深度神经网络中。RBM在无监督特征学习方面具有很强的能力，但多个RBM的堆叠构成的深度信念网络的学习时间会相应地加长。

Mayraz等提出专家乘积方法结合权衰减算法，在MNIST数据库进行识别实验，耗时太长。罗剑江等和王岳青等都提出了新的RBM算法，在异构平台上加速比达30多倍，减少了训练时间，识别精度有所提高，但模型中的超参数增多，因而人工设置较麻烦且面临深度学习并行编程框架的设计等问题。Zhang等提出分布式学习算法MapReduce RBM，在时间上有改善，但精度有待进一步提高，且要面临Hadoop平台的MapReduce框架设计等问题。

针对深度神经网络学习时间长的问题，Polyak提出动量方法，在随机梯度方法中引入动量项，的确有加速网络收敛的效果。动量方法有经典动量和Nesterov动量这两种动量方式，虽然分别都取得了一定的效果，但分类精度有待进一步提高。

3.2.1 专家乘积系统的学习算法

专家系统与神经网络结合使用能解决专家系统中知识获取的瓶颈问题。RBM神经网络有极强的表示能力和学习能力，对于新的模式和样本可通过权值的改变进行学习、记忆、联想和存储，进而在以后的运行中能判断这些新的模式。

神经网络专家系统需要克服的缺点之一是目前只能在比较浅的层次上模拟人的智能。而深度学习非常适合高维空间特征的信息抽取和分类任务。单一的专家系统能力有限，通过综合运用多种专家系统模型，形成某一类型的专家系统，能提高专家系统的准确率和效率。本书希望找到一种方法能混合多个独立模型，以获得更好的识别效果。一般方法是根据每个模型的概率，给出相应的权值，通过这些权值的算术平均混合方法来组合这些模型。其优点在于，可通过最大化期望或梯度算法来处理此模型，如果每个独立模型之间没有多少相同性，这种算数平均混合模型的效果会好于独立模型。但它的明显不足是这类混合模型无法模拟一个高维空间的数据分布。

2002年Hinton提出专家乘积系统，它将每个独立的专家系统模型的概率相乘并规范化。专家乘积系统的优点是能产生比独立模型更清晰的分布。用多个相对简单的概率模型且以相乘的方式组合这些指定的分布模型，可模拟一个复杂的高维数据分布。每个模型能约束一个高维空间里不同的维，它们的乘积能约束所有的维。对于手写数字，一个模型能产生一个数字大概的轮廓，另外的模型确保包含对当前结构的笔画的正确分割。

专家乘积系统模型是由多个专家系统组成的概率模型，所有n个专家模型组合如式（3-1）所示：

$$p(\boldsymbol{d}|\theta_1,\ \theta_2,\ \cdots,\ \theta_n)=\frac{\prod_m p_m(\boldsymbol{d}|\theta_m)}{\sum_c \prod_m p_m(\boldsymbol{c}|\theta_m)} \tag{3-1}$$

其中，$\boldsymbol{d}$表示离散数据向量；θ_m表示模型m的参数；$p_m(\boldsymbol{d}|\theta_m)$表示数据$\boldsymbol{d}$在模型$m$下的条件概率；$\boldsymbol{c}$表示数据空间所有数据向量的索引，对于一个连续的空间，其和可用近似的常数来代替。

为了找到符合独立同分布的一组观察向量的专家乘积系统，对式（3-1）取对数求导得：

$$\frac{\partial[\ln p(\boldsymbol{d}|\theta_1,\ \theta_2,\ \cdots,\ \theta_n)]}{\partial\theta_m}=\frac{\partial[\ln p_m(\boldsymbol{d}|\theta_m)]}{\partial\theta_m}-\sum_{\boldsymbol{c}} p(\boldsymbol{c}|\theta_1,\ \theta_2,\ \cdots,\ \theta_n)\frac{\partial[\ln p_m(\boldsymbol{c}|\theta_m)]}{\partial\theta_m} \tag{3-2}$$

式（3-2）右边的第二项是一个期望值，$\boldsymbol{c}$是从专家乘积系统中生成的理想数据。假设所有的独立专家系统都是可导的，则最大的困难是在此专家乘积系统下如何产生理想数据的概率分布。对于离散的数据，Hinton用Gibbs采样的Markov链Monte Carlo方法来产生理想数据的概率分布。

专家乘积系统目的是得到理想的数据分布，使得专家乘积系统达到平衡时在可见层产生的理想的数据分布P_θ^∞与观察的数据向量的概率分布P^0更接近。从信息熵的角度，也就是$\mathrm{KL}(P^0\|P_\theta^\infty)$距离越小，两

种分布越接近。P^0和P_θ^∞之间的KL距离定义为：

$$\begin{aligned}\mathrm{KL}(P^0 \| P_\theta^\infty) &= \sum_{\boldsymbol{d}} P^0(\boldsymbol{d}) \ln \frac{P^0(\boldsymbol{d})}{P_\theta^\infty(\boldsymbol{d})} \\ &= \sum_{\boldsymbol{d}} P^0(\boldsymbol{d}) \ln P^0(\boldsymbol{d}) - \sum_{\boldsymbol{d}} P^0(\boldsymbol{d}) \ln P_\theta^\infty(\boldsymbol{d}) \\ &= -H(P^0(\boldsymbol{d})) - E_{P^0(\boldsymbol{d})}[\ln P_\theta^\infty(\boldsymbol{d})] \end{aligned} \tag{3-3}$$

其中，$P^0(\boldsymbol{d})$为观察的数据向量的概率分布；$P_\theta^\infty(\boldsymbol{d})$为样本空间的分布，即当专家乘积系统达到平衡时可见层产生的理想的数据分布。

式（3-3）两边对θ_m求导：

$$\begin{aligned}\frac{\partial[\mathrm{KL}(P^0 \| P_\theta^\infty)]}{\partial \theta_m} &= \frac{\partial[-H(P^0)]}{\partial \theta_m} - \frac{\partial\{E_{P^0}[\ln P_\theta^\infty(\boldsymbol{d})]\}}{\partial \theta_m} \\ &= -E_{P^0}\left[\frac{\partial[\ln P_\theta^\infty(\boldsymbol{d})]}{\partial \theta_m}\right] \end{aligned} \tag{3-4}$$

其中，$H(P^0)$表示观察数据分布的熵，由于P^0不依赖于模型参数θ_m，所以在优化过程中$H(P^0)$可以被忽略；$P_\theta^\infty(\boldsymbol{d})$是式（3-1）中$p(\boldsymbol{d}|\theta_1, \theta_2, \cdots, \theta_n)$的另一种写法，则式（3-2）在观察数据向量的数据分布上的平均值为对式（3-2）两边求期望：

$$\begin{aligned}E_{P^0}\left[\frac{\partial[\ln P_\theta^\infty(\boldsymbol{d})]}{\partial \theta_m}\right] &= E_{P^0}\left\{\frac{\partial[\ln p_m(\boldsymbol{d}|\theta_m)]}{\partial \theta_m} - \right. \\ &\qquad \left. \sum_{\boldsymbol{c}} p(\boldsymbol{c}|\theta_1, \theta_2, \cdots, \theta_n) \frac{\partial[\ln p_m(\boldsymbol{c}|\theta_m)]}{\partial \theta_m}\right\} \\ &= E_{P^0}\left\{\frac{\partial[\ln p_m(\boldsymbol{d}|\theta_m)]}{\partial \theta_m} - E_{P_\theta^\infty}\left[\frac{\partial[\ln p_m(\boldsymbol{c}|\theta_m)]}{\partial \theta_m}\right]\right\} \end{aligned} \tag{3-5}$$

则式（3-4）改写为：

$$
\begin{aligned}
-\frac{\partial[\mathrm{KL}(P^0 \| P_\theta^\infty)]}{\partial\theta_m} &= E_{P^0}\left[\frac{\partial[\ln P_\theta^\infty(\boldsymbol{d})]}{\partial\theta_m}\right] \\
&= E_{P^0}\left\{\frac{\partial[\ln p_m(\boldsymbol{d}|\theta_m)]}{\partial\theta_m} - E_{P_\theta^\infty}\left[\frac{\partial[\ln p_m(\boldsymbol{c}|\theta_m)]}{\partial\theta_m}\right]\right\} \\
&= E_{P^0}\left\{\frac{\partial[\ln p_m(\boldsymbol{d}|\theta_m)]}{\partial\theta_m}\right\} - E_{P_\theta^\infty}\left\{\frac{\partial[\ln p_m(\boldsymbol{c}|\theta_m)]}{\partial\theta_m}\right\}
\end{aligned}
\tag{3-6}
$$

用相对偏差来代替 $P^0 \| P_\theta^\infty$ 之间的偏差，将经过专家乘积系统进行一次完整的Gibbs采样后对观察数据向量 $\boldsymbol{d}$ 进行一步重构出的数据向量 $\hat{\boldsymbol{d}}$ 的分布 P_θ^1 作为一个桥梁，即用最小化 $P^0 \| P_\theta^\infty$ 与 $P_\theta^1 \| P_\theta^\infty$ 之间的偏差来代替最小化 $P^0 \| P_\theta^\infty$ 之间的偏差，因Gibbs采样达到平衡状态需很长时间，所以只要保证系统能不断向正确的方向更新，就可用相对偏差来代替初始状态和最终状态之间的偏差。因为经过Gibbs采样重构后的 P_θ^1 比 P^0 显然更接近系统平衡时候的分布 P_θ^∞，这就保证了 $P^0 \| P_\theta^\infty$ 要大于 $P_\theta^1 \| P_\theta^\infty$，相对偏差 $P_\theta^1 \| P_\theta^\infty - P^0 \| P_\theta^\infty$ 是一个非负值，在Markov链中所有的转换都可以得到一个非零的概率值，这样就保证数据不断趋向完美。假若在第一步重构时，数据分布一点都没改变，则相对偏差为0及 $P^0 = P_\theta^1$ 时，$P_\theta^1 = P_\theta^\infty$ 意味着最终得到了完美的模型。

根据式（3-6），可以得到相对偏差：

$$
\begin{aligned}
&-\frac{\partial\{\mathrm{KL}[(P^0 \| P_\theta^\infty) - (P_\theta^1 \| P_\theta^\infty)]\}}{\partial\theta_m} \\
&= -\frac{\partial\{\mathrm{KL}[(P^0 \| P_\theta^\infty)]\}}{\partial\theta_m} + \frac{\partial\{\mathrm{KL}[(P_\theta^1 \| P_\theta^\infty)]\}}{\partial\theta_m}
\end{aligned}
$$

$$
\begin{aligned}
&= -\left[\frac{\partial[-H(P^0)]}{\partial\theta_m} - \frac{\partial\{E_{P^0}[\ln P_\theta^\infty(\boldsymbol{d})]\}}{\partial\theta_m}\right] + \\
&\quad \left[\frac{\partial[-H(P_\theta^1)]}{\partial\theta_m} - \frac{\partial\{E_{P_\theta^1}[\ln P_\theta^\infty(\hat{\boldsymbol{d}})]\}}{\partial\theta_m}\right] \\
&= -\left[0 - \frac{\partial\{E_{P^0}[\ln P_\theta^\infty(\boldsymbol{d})]\}}{\partial\theta_m}\right] + \frac{\partial[-H(P_\theta^1)]}{\partial\theta_m} - \frac{\partial\{E_{P_\theta^1}[\ln P_\theta^\infty(\hat{\boldsymbol{d}})]\}}{\partial\theta_m} \\
&= E_{P^0}\left[\frac{\partial[\ln P_\theta^\infty(\boldsymbol{d})]}{\partial\theta_m}\right] - E_{P_\theta^1}\left[\frac{\partial[\ln P_\theta^\infty(\hat{\boldsymbol{d}})]}{\partial\theta_m}\right] - \frac{\partial[H(P_\theta^1)]}{\partial\theta_m} \\
&= E_{P^0}\left\{\frac{\partial[\ln p_m(\boldsymbol{d}|\theta_m)]}{\partial\theta_m}\right\} - E_{P_\theta^\infty}\left\{\frac{\partial[\ln p_m(\boldsymbol{c}|\theta_m)]}{\partial\theta_m}\right\} - \\
&\quad E_{P_\theta^1}\left\{\frac{\partial[\ln p_m(\hat{\boldsymbol{d}}|\theta_m)]}{\partial\theta_m} - E_{P_\theta^\infty}\left[\frac{\partial[\ln p_m(\boldsymbol{c}|\theta_m)]}{\partial\theta_m}\right]\right\} - \frac{\partial[H(P_\theta^1)]}{\partial\theta_m} \\
&= E_{P^0}\left\{\frac{\partial[\ln p_m(\boldsymbol{d}|\theta_m)]}{\partial\theta_m}\right\} - E_{P_\theta^\infty}\left\{\frac{\partial[\ln p_m(\boldsymbol{c}|\theta_m)]}{\partial\theta_m}\right\} - \\
&\quad E_{P_\theta^1}\left\{\frac{\partial[\ln p_m(\hat{\boldsymbol{d}}|\theta_m)]}{\partial\theta_m}\right\} + E_{P_\theta^\infty}\left\{\frac{\partial[\ln p_m(\boldsymbol{c}|\theta_m)]}{\partial\theta_m}\right\} - \frac{\partial[H(P_\theta^1)]}{\partial\theta_m} \\
&= E_{P^0}\left\{\frac{\partial[\ln p_m(\boldsymbol{d}|\theta_m)]}{\partial\theta_m}\right\} - E_{P_\theta^1}\left\{\frac{\partial[\ln p_m(\hat{\boldsymbol{d}}|\theta_m)]}{\partial\theta_m}\right\} - \frac{\partial[H(P_\theta^1)]}{\partial\theta_m}
\end{aligned}
\tag{3-7}
$$

如果第一步重构时的数据分布与观察数据相比改变得不多，则系统趋于完美模型，Hinton证明式（3-7）右边第三项的值相对前面两项的值很小，可以忽略。因此，式（3-7）的对比散度（相对偏差）可简写为：

$$
\Delta\theta_m = E_{P^0}\left\{\frac{\partial[\ln p_m(\boldsymbol{d}|\theta_m)]}{\partial\theta_m}\right\} - E_{P_\theta^1}\left\{\frac{\partial[\ln p_m(\hat{\boldsymbol{d}}|\theta_m)]}{\partial\theta_m}\right\} \tag{3-8}
$$

实践表明这种算法的效果非常好，我们可以随机初始化专家乘积系统，尽管这时初始的概率分布并不理想，但是使用式（3-8）的学习算法后，可以获得理想数据的概率分布。

3.2.2 RBM学习算法与专家乘积系统

RBM模型定义如第1章的图1-1所示，根据RBM的性质和第2章介绍的学习RBM的目标，调整参数θ，使得参数θ下RBM网络表示的边缘概率分布尽可能地与训练数据的概率分布相符合。

Freund等已证明在RBM中，生成的可见层向量的概率与每个隐单元独立作用而产生的可见层向量（重构的可见层数据向量）的概率乘积成正比。因此，可以把一个RBM看成一个特殊的专家乘积系统，它的每个隐单元都被作为一个独立的专家系统。每个专家对可见层节点的状态产生的影响不够强，但所有专家的观察结果连乘起来就足够强大了。对于RBM模型，我们最关心的是观测数据$\boldsymbol{v}$的概率分布$p(\boldsymbol{v})$，它是RBM模型$p(\boldsymbol{v}, \boldsymbol{h})$的边缘分布。

$$
\begin{aligned}
p(\boldsymbol{v}) &= \sum_{\boldsymbol{h}} p(\boldsymbol{v}, \boldsymbol{h}) = \sum_{\boldsymbol{h}} \frac{e^{-E(\boldsymbol{v}, \boldsymbol{h})}}{Z_\theta} = \frac{1}{Z_\theta} \sum_{\boldsymbol{h}} e^{-E(\boldsymbol{v}, \boldsymbol{h})} \\
&= \frac{1}{Z_\theta} \sum_{\boldsymbol{h}} e^{\sum_{i=1}^{n} a_i v_i + \sum_{j=1}^{m} b_j h_j + \sum_{i=1}^{n}\sum_{j=1}^{m} v_i w_{ij} h_j} \\
&= \frac{1}{Z_\theta} \sum_{h_1} \sum_{h_2} \cdots \sum_{h_m} e^{\sum_{i=1}^{n} a_i v_i + \sum_{j=1}^{m} b_j h_j + \sum_{i=1}^{n}\sum_{j=1}^{m} v_i w_{ij} h_j} \\
&= \frac{1}{Z_\theta} \sum_{h_1} \sum_{h_2} \cdots \sum_{h_m} e^{\sum_{i=1}^{n} a_i v_i + \sum_{j=1}^{m} h_j (b_j + \sum_{i=1}^{n} v_i w_{ij})} \\
&= \frac{1}{Z_\theta} \sum_{h_1} \sum_{h_2} \cdots \sum_{h_m} e^{\sum_{i=1}^{n} a_i v_i} \cdot e^{\sum_{j=1}^{m} h_j (b_j + \sum_{i=1}^{n} v_i w_{ij})}
\end{aligned}
$$

$$
\begin{aligned}
&= \frac{1}{Z_\theta} \cdot e^{\sum_{i=1}^{n} a_i v_i} \cdot \sum_{h_1}\sum_{h_2}\cdots\sum_{h_m} e^{\sum_{j=1}^{m} h_j (b_j + \sum_{i=1}^{n} v_i w_{ij})} \\
&= \frac{1}{Z_\theta} \cdot e^{\sum_{i=1}^{n} a_i v_i} \cdot \sum_{h_1} e^{h_1 (b_1 + \sum_{i=1}^{n} v_i w_{i1})} \cdots \sum_{h_m} e^{h_m (b_m + \sum_{i=1}^{n} v_i w_{im})} \\
&= \frac{1}{Z_\theta} \cdot e^{\sum_{i=1}^{n} a_i v_i} \cdot \prod_{j=1}^{m}\sum_{h_j} e^{h_j (b_j + \sum_{i=1}^{n} v_i w_{ij})} \\
&= \frac{1}{Z_\theta} \cdot e^{a_1 v_1 + a_2 v_2 \cdots + a_n v_n} \cdot \prod_{j=1}^{m}\sum_{h_j} e^{h_j (b_j + \sum_{i=1}^{n} v_i w_{ij})} \\
&= \frac{1}{Z_\theta} \cdot e^{a_1 v_1} e^{a_2 v_2} \cdots e^{a_n v_n} \cdot \prod_{j=1}^{m}\sum_{h_j} e^{h_j (b_j + \sum_{i=1}^{n} v_i w_{ij})} \\
&= \frac{1}{Z_\theta} \cdot \prod_{i=1}^{n} e^{a_i v_i} \cdot \prod_{j=1}^{m} \sum_{h_j = 0 \text{或} h_j = 1} e^{h_j (b_j + \sum_{i=1}^{n} v_i w_{ij})} \\
&= \frac{1}{Z_\theta} \cdot \prod_{i=1}^{n} e^{a_i v_i} \cdot \prod_{j=1}^{m} \left(e^{0 \cdot (b_j + \sum_{i=1}^{n} v_i w_{ij})} + e^{1 \cdot (b_j + \sum_{i=1}^{n} v_i w_{ij})} \right) \\
&= \frac{1}{Z_\theta} \cdot \prod_{i=1}^{n} e^{a_i v_i} \cdot \prod_{j=1}^{m} \left(1 + e^{b_j + \sum_{i=1}^{n} v_i w_{ij}} \right)
\end{aligned}
\tag{3-9}
$$

可见$p(\boldsymbol{v})$是由独立专家乘积组成的，被称为专家乘积系统，在学习的过程中利用Gibbs采样和KL偏差的方法，可使高维模型获得更理想的概率分布。

当训练第t个样本$\boldsymbol{v}^t$时，RBM模型中参数w_{ij}更新方式是：

$$
\begin{aligned}
\Delta w_{ij} = \frac{\partial \ln p(\boldsymbol{v}^t)}{\partial w_{ij}} &= \sum_{\boldsymbol{h}} p(\boldsymbol{h}|\boldsymbol{v}^t) \times \frac{\partial\left(-E(\boldsymbol{v}^t, \boldsymbol{h})\right)}{\partial w_{ij}} - \\
&\qquad \sum_{\boldsymbol{v}, \boldsymbol{h}} p(\boldsymbol{v}, \boldsymbol{h}) \times \frac{\partial\left(-E(\boldsymbol{v}, \boldsymbol{h})\right)}{\partial w_{ij}} \\
&= E_{p(\boldsymbol{h}|\boldsymbol{v}^t)}(v_i^t h_j) - E_{p(\boldsymbol{v}, \boldsymbol{h})}(v_i h_j)
\end{aligned}
\tag{3-10}
$$

式（3-2）专家乘积系统的算法等价于RBM的学习算法式（3-10）。考虑数据$\boldsymbol{d}$的对数似然函数对第i个可见层单元到第j个隐单元的连接权值w_{ij}求导，则式（3-2）右侧的第一项变为：

$$\frac{\partial[\ln p_j(\boldsymbol{d}|\boldsymbol{W}_j)]}{\partial w_{ij}} = E_{\boldsymbol{d}}[v_i h_j] - E_{P_\theta^\infty(j)}[v_i h_j] \tag{3-11}$$

其中，$\boldsymbol{W}_j$表示第j个隐单元到所有可见层的权值向量。$E_{\boldsymbol{d}}[v_i h_j]$代表期望值，其中$\boldsymbol{d}$表示固定在可见层的观察向量；$v_i$表示数据$\boldsymbol{d}$在第$i$个可见层中的状态；$h_j$表示根据$\boldsymbol{d}$决定的后验概率采样得到的第$j$个隐层状态。$E_{P_\theta^\infty(j)}[v_i h_j]$表示使用Gibbs采样后第$j$个隐单元与可见层之间反复交替采样达到平衡状态时的概率分布的平均值。

同理，式（3-2）右侧的第二项也可以写成：

$$\begin{aligned}\sum_c p(\boldsymbol{c}|\boldsymbol{W})\frac{\partial[\ln p_j(\boldsymbol{c}|\boldsymbol{W}_j)]}{\partial w_{ij}} &= E_{P_\theta^\infty}\left[\frac{\partial[\ln p_j(\boldsymbol{c}|\boldsymbol{W}_j)]}{\partial w_{ij}}\right] \\ &= E_{P_\theta^\infty}\left\{E_{P_\theta^\infty}[v_i h_j] - E_{P_\theta^\infty(j)}[v_i h_j]\right\} \\ &= E_{P_\theta^\infty}[v_i h_j] - E_{P_\theta^\infty(j)}[v_i h_j] \end{aligned} \tag{3-12}$$

其中，$\boldsymbol{W}$代表RBM的权值矩阵；$E_{P_\theta^\infty}[v_i h_j]$表示对所有的可见层单元和隐层单元进行Gibbs采样达到平衡后的期望值。

用式（3-11）减去式（3-12），得到式（3-2）对具体参数w_{ij}的导数为：

$$\frac{\partial[\ln P_\theta^\infty(\boldsymbol{d})]}{\partial w_{ij}} = \frac{\partial[\ln p_j(\boldsymbol{d}|\boldsymbol{W}_j)]}{\partial w_{ij}} - \sum_c p(\boldsymbol{c}|\boldsymbol{W})\frac{\partial[\ln p_j(\boldsymbol{c}|\boldsymbol{W}_j)]}{\partial w_{ij}}$$

$$= E_d[v_i h_j] - E_{P_\theta^\infty(j)}[v_i h_j] - \left\{E_{P_\theta^\infty}[v_i h_j] - E_{P_\theta^\infty(j)}[v_i h_j]\right\}$$

$$= E_d[v_i h_j] - E_{P_\theta^\infty(j)}[v_i h_j] - E_{P_\theta^\infty}[v_i h_j] + E_{P_\theta^\infty(j)}[v_i h_j]$$

$$= E_d[v_i h_j] - E_{P_\theta^\infty}[v_i h_j] \tag{3-13}$$

从而，由式（3-7）、式（3-11）、式（3-12）、式（3-13）可得：

$$-\frac{\partial\left\{\mathrm{KL}\left[(P^0 \| P_\theta^\infty)-(P_\theta^1 \| P_\theta^\infty)\right]\right\}}{\partial w_{ij}} = -\frac{\partial\left\{\mathrm{KL}\left[(P^0 \| P_\theta^\infty)\right]\right\}}{\partial w_{ij}} + \frac{\partial\left\{\mathrm{KL}\left[(P_\theta^1 \| P_\theta^\infty)\right]\right\}}{\partial w_{ij}}$$

$$= E_{P^0}[v_i h_j] - E_{P_\theta^\infty}[v_i h_j] + E_{P_\theta^\infty}[v_i h_j] - E_{P_\theta^1}[v_i h_j]$$

$$= E_{P^0}[v_i h_j] - E_{P_\theta^1}[v_i h_j] \tag{3-14}$$

则式（3-14）与RBM学习算法式（3-10）等价。其中$E_{P_\theta^1}[v_i h_j]$表示第一次重构数据的期望值。

依据概率分布特性、专家乘积系统原理及Peterson等用简单的平均场方法，即全部用真实的概率值来代替随机的二值状态来近似达到系统平稳时的分布。又因专家乘积系统将每个独立模型的概率相乘并重新规范化，像素强度被规范化为在0与1之间，可被视为概率，则对式（3-14）中的所有二值状态值不再采用，全部用概率值来代替状态值，并用Monte Carlo思想来计算式（3-14）右边的两个期望值，因此，式（3-14）改写为：

$$-\frac{\partial\left\{\mathrm{KL}\left[(P^0 \| P_\theta^\infty)-(P_\theta^1 \| P_\theta^\infty)\right]\right\}}{\partial w_{ij}} \approx E_{P^0}[p_i p_j] - E_{P_\theta^1}[p_i p_j]$$

$$\approx p_i p_j - \widehat{p}_i \widehat{p}_j \tag{3-15}$$

3.3 改进动量算法

针对式（3-15），假设只有一个观察数据向量规范化后 $\boldsymbol{v}^{(0)}=\boldsymbol{d}\in[0,1]$，则式（3-15）中的4个概率值分别为：$p_i=\boldsymbol{v}^{(0)}$，$p_j=p(h_j=1|\boldsymbol{v}^{(0)})$，$\widehat{p}_i=p(v_i=1|\boldsymbol{h}^{(0)})$，$\widehat{p}_j=p(h_j=1|\boldsymbol{v}^{(1)})$。其中 $\boldsymbol{h}^{(0)}$ 是初始观察数据 $\boldsymbol{v}^{(0)}$ 通过Gibbs采样计算得到隐层的第一次数据分布；$\boldsymbol{v}^{(1)}$ 是对 $\boldsymbol{v}^{(0)}$ 的第1次重构的数据分布；$\boldsymbol{h}^{(1)}$ 是对隐层 $\boldsymbol{h}^{(0)}$ 的一次重构数据分布。

为了解决分类效果不理想和权重的密度问题，可结合CD算法，改进偏置 b_j 的更新步长。RBM训练过程是在高维曲面上寻找全局最优解的过程，若两个偏置 a_i、b_j 的更新步长要稍微长点，每经过一次训练，搜寻点应该更加靠近最优点所在的区域范围，偏置的更新步长的加长有利于将搜寻范围限制在该范围内，而不至于跳出这个搜索圈，逐渐缩小搜索范围，最终找到全局最优解所对应的点，则网络收敛。3个参数 w_{ij}、a_i、b_j 主要是为了得到较好的权重 w_{ij} 来学习和提取数据样本的特征，因此根据模型需要，对隐单元的偏置 b_j 的更新方式做如下改进，使其更新步长加大，这样得到的权重就没有密度问题，并且在同样的时间内，其分类效果要好些。当训练一个观察数据向量 $\boldsymbol{v}^{(0)}=\boldsymbol{d}$ 时，各参数更新方式改为：

$$\Delta w_{ij}\approx v_i^{(0)}\times p(h_j=1|\boldsymbol{v}^{(0)})-p(v_i=1|\boldsymbol{h}^{(0)})\times p(h_j=1|\boldsymbol{v}^{(1)}) \tag{3-16}$$

$$\Delta a_i \approx v_i^{(0)} - p(v_i = 1|\boldsymbol{h}^{(0)}) \tag{3-17}$$

$$\Delta b_j \approx p(h_j = 1|\boldsymbol{v}^{(0)}) - p(h_j = 1|\boldsymbol{v}^{(1)}) = h_j^{(0)} - p(h_j = 1|\boldsymbol{v}^{(1)}) \tag{3-18}$$

对于参数的设置，最开始时设w_{ij}、a_i、b_j都为0。为了使算法稳定，引入学习率$\boldsymbol{\eta}$，$\boldsymbol{\eta}$设置较大时，收敛比较快，但可能导致不稳定；$\boldsymbol{\eta}$设置比较小时，可避免不稳定，但是收敛速度很慢。为克服这一情况，Rumelhart等提出了一种既能加快学习速度又能保持算法稳定的动量方法。

Mayraz等用专家乘积系统的方法，采用权衰减的动量方法，使MNIST手写体识别DBN网络取得1.7%的错误率。Sutskever等提出Nesterov动量算法。2015年Zareba等将经典动量和Nesterov动量两种算法做了比较，经过MNIST识别实验，得出Nesterov动量与经典动量加速效果相当的结论，RBM识别错误率是2.04%。Yuan等分析了动量随机梯度法的收敛性和效果性能。这些研究表明动量方法在随机梯度方法中，的确有加速网络收敛和提高学习性能的效果。

引入动量项m^*，使得本次参数值修改的方向不完全由当前样本下的似然函数梯度方向决定，而是采用上一次参数值修改方向与本次梯度方向的组合，在某些情况下，这样可以避免算法过早地收敛到局部最优点。这种组合方式常见的有两种：一种是采取上一次参数值修改方向与本次梯度的负方向组合的经典动量算法；另外一种是Nesterov动量算法。Nesterov动量算法和经典动量算法之间的区别体现在梯度计算上，在Nesterov动量算法中，梯度计算在施加当前速度之后。因此，Nesterov动量算法可看作在经典动量算法中添加了校正因子。

基于以上研究，本章采取不同于经典动量算法和Nesterov动量算法的算法。本章采用上一次参数值修改方向与本次梯度的正方向相加的动量组合方式，加大了参数更新步长，这样可以更加快速收敛到最优，本章在RBM训练中采取的参数更新方式是：

$$\Delta\theta_t = m^* \Delta\theta_{t-1} + \eta\left[\frac{\partial L(\theta)}{\partial\theta_i}\right] \tag{3-19}$$

而在微调阶段，结合梯度下降的特点，为了能精确找到最优点，采用的动量组合方式也不同于以上，本章微调时的参数更新方式是：

$$\Delta \boldsymbol{W}_t = -m' \cdot \Delta \boldsymbol{W}_{t-1} - \eta' \Delta \boldsymbol{W}_{t-1} \tag{3-20}$$

得到3个参数w_{ij}、a_i、b_j的更新方式后，整个DBN训练的过程可看作对一个深层BP网络参数的初始化，这就克服了BP网络因随机初始化权值参数而易陷入局部最优的缺点。DBN最后接的BP神经网络的输入是最顶层RBM学习到的特征输出，并用BP算法微调整个网络参数，DBN网络由信息的正向传播和误差的反向传播两个过程组成，不断调整网络的权值和偏置参数，可使整个网络的误差平方和最小。

3.4 图像识别的应用

本节将提出的算法在MNIST手写体数据库、Extended Yale B和CMU-PIE人脸数据库上做图像识别的应用。我们采用改进的专家乘积系统与RBM算法，并运用改进的动量算法来优化网络，分别构建1个隐层的RBM网络和2个隐层的DBN网络在MNIST数据库上进行算法的应用，并将算法应用到Extended Yale B和CMU-PIE人脸数据库上进行人脸识别。应用结果表明本章提出的算法在手写体图片上的特征提取能力较强，且算法对人脸图像的光照、表情、姿态等改变也有较强的适应性，能有效地提高图像识别的效果。

3.4.1　MNIST数据库手写体识别

本小节采用MNIST数据库中的70 000张手写数字样本图片，其中60 000张图片用于训练，10 000张用于测试。每张图片大小是28 × 28，将一张图片拉成784维的向量，则可见层的神经元$\boldsymbol{v}$就设置为784个神经元。

实验时，我们进行批处理，一批训练$B = 100$张图片，有60 000张图片需要训练，所以共分600批来进行。将28 × 28的图像上每个点的像素值规范到0和1之间，视作概率值，输入给可见单元；随机选择隐层的二值状态，仍然用重构像素的概率值，不再依据这些概率为可见单元选取0、1的状态值，而是直接用这些概率作为重构向量的像素强度。改进专家乘积系统的RBM学习算法见算法3.1。

算法3.1　改进专家乘积系统的RBM学习算法

1）输入训练样本集合$S = \{\boldsymbol{v}^1, \boldsymbol{v}^2, \cdots, \boldsymbol{v}^T\}$或者$S = \{\boldsymbol{d}^1, \boldsymbol{d}^2, \cdots, \boldsymbol{d}^T\}$，每一批有$S = B = T$个训练样本，设置可见层的单元个数为$n$，隐单元个数为$m$，学习率为$\eta$，动量

项为m^*。

2）初始化：随机初始化$\Delta w_{ij} = \Delta a_i = \Delta b_j = 0$，

For $i = 1, 2, \cdots, n$; $j = 1, 2, \cdots, m$

3）在每个RBM中，所有的训练样本$\boldsymbol{d} \in S$：

4）$\boldsymbol{v}^{(0)} \leftarrow \boldsymbol{v} = \boldsymbol{d}$

5）For $t = 0, 1, \cdots, k-1$

6）Gibbs采样：For $j = 1, 2, \cdots, m$，采样$h_j^{(t)} \sim p(h_j | \boldsymbol{v}^{(t)})$

7）　　For $i = 1, 2, \cdots, n$，采样$v_i^{(t+1)} \sim p(v_i | \boldsymbol{h}^{(t)})$

8）　　End For

9）For $i = 1, 2, \cdots, n$; $j = 1, 2, \cdots, m$

10）有一个训练样本时，参数更新：

11）$\Delta w_{ij} \leftarrow m^* \cdot \Delta w_{ij} + \boldsymbol{\eta}[v_i^{(0)} p(h_j = 1|\boldsymbol{v}^{(0)}) - p(v_i = 1|\boldsymbol{h}^{(1)}) p(h_j = 1|\boldsymbol{v}^{(1)})]$

12）$\Delta a_i \leftarrow m^* \cdot \Delta a_i + \boldsymbol{\eta}[v_i^{(0)} - p(v_i = 1|\boldsymbol{h}^{(1)})]$

13）$\Delta b_j \leftarrow m^* \cdot \Delta b_j + \boldsymbol{\eta}[h_j^{(0)} - p(h_j = 1|\boldsymbol{v}^{(1)})]$

14）End For

实验是在MATLAB R2014a和Microsoft Windows8操作系统下，CPU为Intel（R）core（TM）i7-4770 HQ CPU @2.2GHz，内存为16GB的环境下实现的。

若构建一个隐层的RBM：784-400-10（可见单元个数-隐单元个数-类别数），用本章算法迭代不同次数得到结果见表3-1。以下各表中耗时指的是训练和测试一起的时间。

表3-1　两种RBM模型在MNIST数据库上的实验结果

不同RBM	网络结构	分类错误率（%）	耗时（min）
MapReduce RBM	784-900-10	2.92	7.5
本章算法RBM	784-400-10	2.16	6.5
MapReduce RBM	784-900-10	2.89	12
本章算法RBM	784-400-10	1.70	10

从表3-1的结果可看出，本章提出的算法构成1个隐层的RBM，无论在学习时间和分类效果上都比2016年的MapReduce RBM算法要好，分类错误率降低了42%，且本章算法简单，无须面临MapReduce程序框架设计等问题。

若构建DBN：784-500-500-10，用本章算法，分类错误率可达1.32%，其结果见表3-2。

表3-2　不同模型算法在MNIST数据库上的实验结果

不同模型算法	网络结构	分类错误率（%）	耗时（h）
2002 POE DBN	784-500-500-500-10	1.7	24
2016 AtanDBN	—	1.39	—
异构体并行框架算法	—	1.39	—
Huang等提出的算法	—	2.39	—
本章算法+无动量	784-500-500-10	1.63	1.60
本章算法	784-500-500-10（m）	1.32	1.25

表3-2的结果显示，本章提出的算法构成2个隐层的DBN的分类效果比SVM的1.4%、ArctanDBN的1.39%、专家乘积系统（POE）的1.7%、Huang等提出的方法的2.39%要稍好些，尤其是网络学习时间

能缩短90%以上。若训练和微调时都不用动量，则无动量时的DBN分类错误率1.63%与其他方法比，分类效果没优势。而网络784-500-500-10（m）表示用本章动量算法，其分类错误率1.32%比没用动量时降低约20%，比未用动量时的网络时间也能减少22%。实验结果表明，深度学习的效果要比浅层学习效果好，本章提出的改进算法在保证网络正确率有所提升的同时，也能缩短网络训练耗时。

为了保证图像可视化效果，设网络隐单元为400个，可视化学习到的特征都是抽象的，结果如图3-3所示。可视化训练样本中最后一批随机的100个数字和网络识别结果如图3-4所示。

图3-3　可视化第一层隐单元学习到的特征

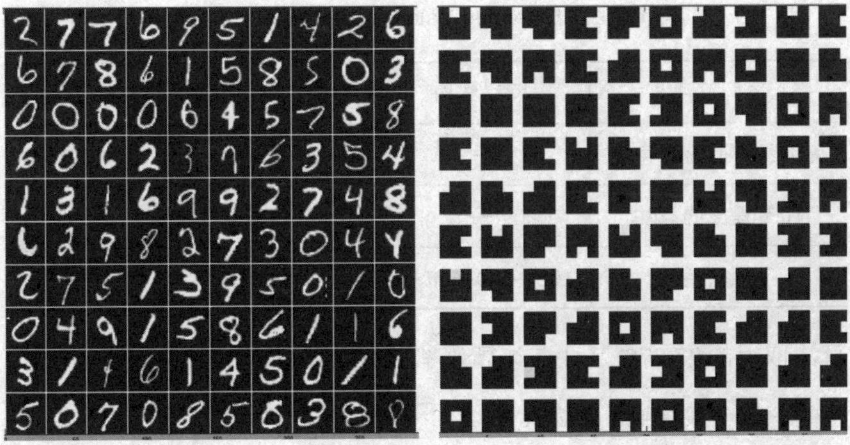

（a）最后一批100个手写体数字　　（b）对应的识别结果

图3-4 可视化随机的最后一批100个手写体数字和相应的识别结果

3.4.2 Extended Yale B数据库人脸识别

本节采用Extended Yale B人脸数据库做图像识别，该数据库包含38个人的2 414张不同光照和表情的人脸图像。我们将所有图片剪辑成大小为32 × 32规格的人脸图像进行分类，随机选取2 100张图片来训练，剩下的314张图片用来测试。

构建两个隐层的DBN：1024-600-600-38，采用本章算法来识别38个人的人脸图像，经过7.4分钟，50次训练和600多次的微调，识别错误率达到2.33%。与郭继昌等的Fisher约束算法和Tu等的算法结果对比见表3-3。

由此可看出，本章专家乘积系统在Extended Yale B人脸数据库的人脸识别应用中的识别正确率为97.67%，优于郭继昌等的Fisher约束

表3-3　**不同算法在Extended Yale B人脸数据库上的实验结果**

不同算法	网络结构	识别正确率（%）	耗时（min）
郭继昌等提出的算法	—	97.27	53.6
Tu等提出的算法	—	89.4	—
本章算法	1024-600-600-38	97.67	7.4

算法取得的97.27%，且在计算效率上有明显优势，比Tu等提出的算法的识别结果提高了8.27%。

3.4.3　CMU-PIE数据库人脸识别

CMU-PIE数据库包含68位志愿者的41 368张多姿态、不同光照和表情的面部图像。选取数据库中尺寸为32 × 32的30种人脸图像进行分类，其中每种人脸均有170张不同的数据，即共有5 100个带标的数据，随机选取4 500张作为训练数据，其余600张数据作为测试数据。选取尺寸为32 × 32的68个人脸的11 554张图片，其中10 000张人脸图像作为训练样本，剩下的1 554张图片用来测试。

人脸识别算法的应用有很多，如郭继昌等提出基于Fisher约束的学习方法在Extended YaleB人脸数据库中进行人脸识别；付晓等提出用特征聚类的稀疏自编码网络进行人脸识别，在CMU-PIE人脸数据库中，30人的识别取得了98.17%的识别正确率；李倩玉等提出改进的深度网络，也即将卷积神经网络和稀疏自编码网络相结合的方法在CMU-PIE人脸数据库进行人脸识别，68人的图像识别中取得了

96.17%的识别正确率。

构造4种不同规模的DBN，例如网络规模：1024-600-600-30表示2层隐单元都设为600个未用动量的30人识别原网络；1024-600-600-30（m）表示用本章动量算法的优化网络。在尺寸为32 × 32的人脸数据上，对30人和68人的人脸图像进行分类，原网络与动量优化网络的分类情况和耗时的对比结果见表3-4。

表3-4 **优化网络与原网络在CMU-PIE人脸数据库上的实验结果情况**

不同算法	网络结构	分类正确率（%）	耗时（min）
付晓等提出的算法，30人	1024-500-500-30	98.83	17.7
本章算法+无动量	1024-600-600-30	97.50	9.50
本章算法	1024-600-600-30（m）	98.83	9.00
李倩玉等提出的算法，68人	1024-CNN-SAE-SAE-68	96.17	—
本章算法+无动量	1024-100-100-68	97.83	7.00
本章算法	1024-100-100-68（m）	98.13	6.25

表3-4的对比结果显示，本章提出的优化算法在处理人脸数据时有较好的识别能力。对30人的识别，随着隐单元的增多，识别率也随之提升，但升到一定程度后，识别率又开始下降，隐单元设置为600个最佳，30人分类正确率可达98.83%。动量优化后的网络较原网络错误率降低了53%，与付晓等提出的算法相比，分类正确率是一样

的，但时间上节约了50%。在没有如此大规模数据的时候，网络学习时间没有很明显的优势，但更能符合实际问题的应用。在68人的识别中，隐单元设置为100个，其效果最佳，因68人的图像数据量大且类别多，微调次数要700多次才能达到最优，动量优化后的网络较未用动量的原网络分类错误率降低14%。本章算法对68人的人脸图像识别错误率为1.87%，比李倩玉等提出的算法中68人的识别错误率3.83%降低了约51%。实验结果表明，本章算法在人脸数据库中应用有较好的分类效果。

可视化网络权重如图3-5所示，图3-5（a）为原网络学习到的权重图像，图3-5（b）为动量优化网络学习到的权重图像。图像中线条越清晰，说明网络对训练数据的学习越充分，则此网络会因过拟合问题出现对测试数据分类效果差的现象。因此，图3-5（b）中优化网络的特征提取图像线条相对模糊，表明其鲁棒性较好，所以其优化网络的分类预测效果更佳。

综合以上图像识别应用的分析结果，可知相对于传统深度学习算法，本章将专家乘积方法与改进的RBM动量算法相结合的新算法，不仅在1个隐层的RBM，而且在2个隐层的DBN中提取的特征，都具有较好的分类效果。无论是对手写体的特征提取，还是对人脸图像的光照、表情、姿态等改变都有较强的适应性和特征提取能力，系统具有较强的泛化能力和鲁棒性。本章基于RBM的专家乘积系统的改进算法，有加速网络收敛和提高图像分类效果的作用。

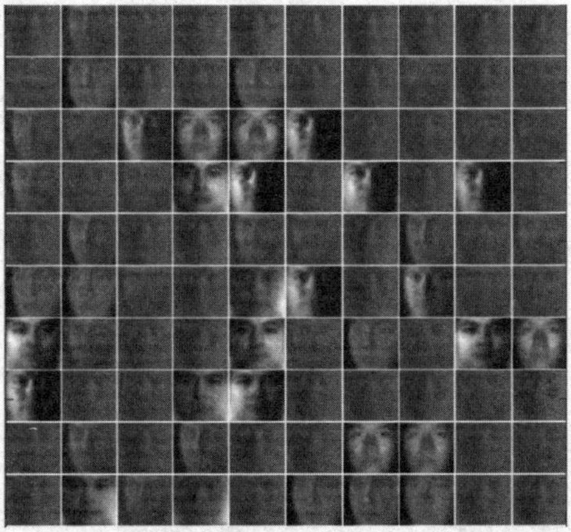

（a）原网络100个隐单元的第一层网络权重

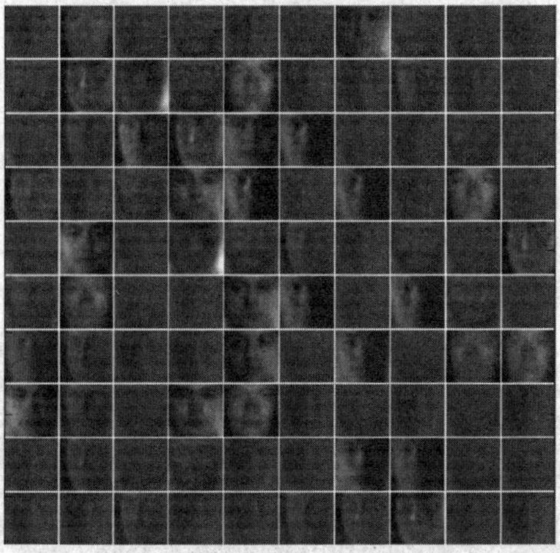

（b）优化网络100个隐单元的第一层网络权重

图3-5 可视化CMU-PIE人脸数据库的DBN网络学习权重

3.5 地震数据去噪的应用

地震数据去噪是提高地震资料信噪比的重要步骤，去噪效果的好坏直接影响后续地震数据处理的质量。在地震勘探过程中，受环境噪声影响，地震数据通常含有很多随机噪声。随机噪声的存在影响地震数据的后续处理精度，为此，我们用本章提出的算法进行地震数据去噪的应用，分别在人工合成数据和真实地震数据上加随机噪声，对算法的去噪有效性进行测试。

3.5.1 人工合成数据去噪

为验证本书提出的基于RBM的专家乘积系统在地震数据上的去噪效果，我们将大小为512 × 512的人工合成数据（如图3-6所示）进行归一化，加噪声标准差为0.098的随机噪声，如图3-7（a）所示，将图片切成大小为16 × 16的小块，拉成256维的向量作为2个隐层DBN模型的输入进行训练和去噪，将原始图片作为标签，用本章算法去除随机噪声，恢复后的图片如图3-7（b）所示。

图3-6 合成数据的原始图

（a）加噪声的图像（PSNR = -0.1433）（b）去噪后的图像（PSNR = 44.7178）

图3-7 $\sigma = 0.098$随机噪声下的图像和利用本章算法去噪后得到的恢复图像

通常用峰值信噪比作为度量评价图像去噪的效果，图像的峰值信噪比（Peak Signal-to-Noise Ratio，PSNR）定义如下：

$$\mathrm{PSNR} = 10\log_{10}\left(\frac{255^2}{\mathrm{MSE}}\right) = 20\log_{10}\left(\frac{255}{\sqrt{\mathrm{MSE}}}\right) \tag{3-21}$$

其中，均方误差（Mean Squared Error，MSE）定义如下，给定两幅大小为$m \times n$的黑白图像$\mathbf{F}$和$\mathbf{G}$：

$$\mathrm{MSE} = \frac{1}{mn}\sum_{i=1}^{m}\sum_{j=1}^{n}\left\| \mathbf{F}(i, j) - \mathbf{G}(i, j) \right\| \tag{3-22}$$

加噪声后的图像峰值信噪比为-0.1433，用本章算法进行去噪，经过4.5分钟，去噪后的恢复图像，其PSNR = 44.7178，说明RBM模型有较好的去噪效果。

3.5.2 真实地震数据去噪

我们将本章算法应用到真实地震数据上测试其去噪效果。炮集有

50个地震道，每道有5 001个采样点，时间采样率为1毫秒。我们选取大小为256 × 256的真实地震数据进行归一化（如图3-8所示），加噪声标准差为0.098的随机噪声后如图3-9（a）所示，加噪声后的图像，其PSNR = 5.0797。将图片切成8 × 8的小块进行训练和去噪，依然将原始图片作为标签。用本章算法去除随机噪声，经过9.2分钟，去噪恢复后的图像如图3-9（b）所示，其PSNR = 41.4665。随着迭代次数增加去噪后恢复图的PSNR变化情况如图3-10所示，说明RBM模型在真实的地震数据图像中也有较好的去除随机噪声的效果。

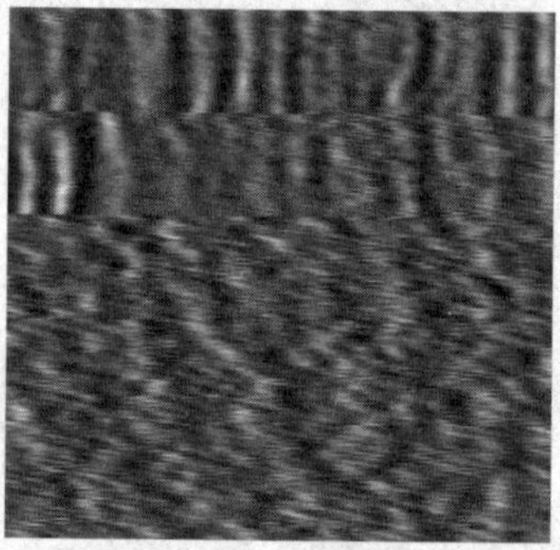

图3-8　真实数据的原始图

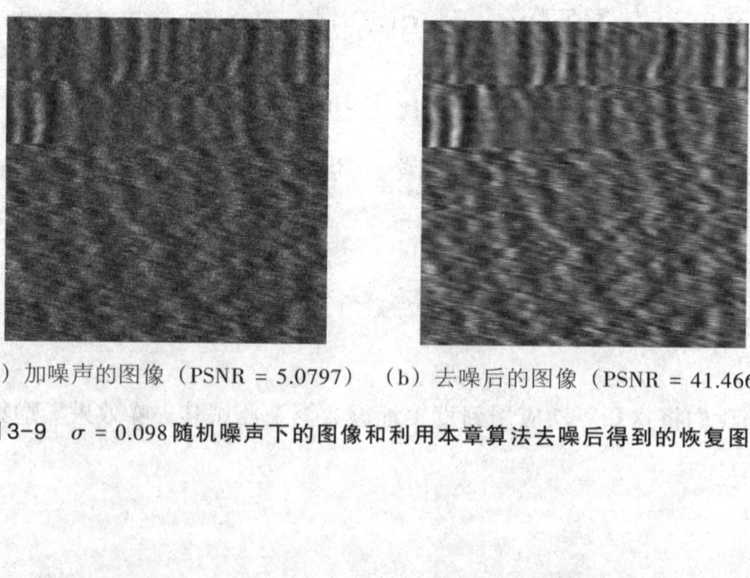

（a）加噪声的图像（PSNR = 5.0797）　（b）去噪后的图像（PSNR = 41.4665）

图3-9　σ = 0.098随机噪声下的图像和利用本章算法去噪后得到的恢复图像

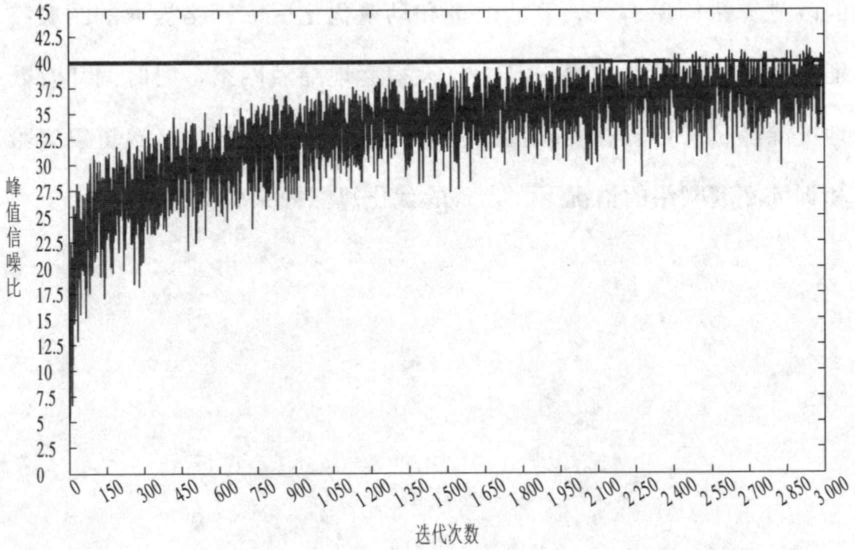

图3-10　真实地震数据去噪后恢复图的峰值信噪比变化情况

3.6　本章小结

本章针对深度学习的网络学习时间较长和RBM算法在采取全用真实概率值的参数更新方式会导致模型识别效果不理想及其带来的密度问题，提出基于RBM的专家乘积系统的改进算法。在专家乘积系统原理上，结合RBM改进的动量算法，采用全是真实概率值的参数更新方式，用概率值可以减少采样噪声且使模型学得更快，并有较好的识别能力。在MNIST手写体数据库、Extended Yale B和CMU-PIE人脸数据库上分别做图像识别的应用，对人工合成数据和真实地震数据进行去噪应用，应用结果表明，本章提出的专家乘积系统的改进算法简单有效，算法改进和动量优化后的网络提取的图像特征具有更好的分类效果，且能较大程度地缩短网络学习时间和有效地去除随机噪声。在处理高维复杂大数据量的数据、多次重复实验和训练深度网络的情况下，本章的优化算法效果较为明显。

4

基于动量方法的RBM不同梯度近似算法

4.1 引言

上一章，我们将专家乘积系统与RBM算法结合，提出了一种新的改进动量算法，提高了网络训练效率，但是基于RBM的专家乘积系统在网络分类效果上还不是很理想。

RBM模型求解过程中，梯度近似有不同的算法和不同的采样技术，其最终的算法效果也不一样。因此，本章是在Hinton等提出的贪婪算法和Fischer等提出方法的基础上进行改进，分别加入改进的动量算法和修正动量算法，都采用Gibbs采样来近似似然函数梯度。针对李飞等提出的权动量方法分析了经典动量算法和Nesterov动量算法加速效果差的原因，提出权值过大导致网络泛化性能降低的问题。首先，利用Fischer等的KL距离解释RBM模型原理，利用Gibbs采样和Monte Carlo方法推导出RBM的两种梯度近似方式。由于PT采样的多个Markov链混合的困难一直存在，当目标分布不是很复杂的时候，Gibbs采样通过单个Markov链就能很好地近似目标分布，因此，本章采用Gibbs采样来训练RBM模型，与Fischer等的PT采样技术不一样。其次，为加速整个网络收敛和提高鲁棒性，提出在RBM梯度上升和梯度下降算法中分别采用不同动量方法。在RBM预训练阶段采用上一次参数修改方向与本次梯度方向相加的快速收敛的动量方法，同时，微调整个网络时采用上一次参数修改方向与本次梯度方向相减的缓慢式下降的不同动量形式，两种不同形式的动量方法分别与SGA

和SGD相结合共同作用，在第一种梯度近似方法基础上，提出基于动量方法的受限Boltzmann机的有效算法，从而加速整个网络收敛和提高图像分类效果。最后，本章在第二种梯度近似方法基础上，修改了隐单元偏置的参数更新方式，即隐单元偏置参数的更新采用二值状态值，提出基于修正动量的RBM算法，使其在相同的时间内得到较好的分类效果且消除权重的密度问题。

4.2 受限Boltzmann机模型的梯度

深度学习逐渐成为人工智能研究的主流方向，许多学者致力于该领域，并将概率图模型应用于深度学习中。受限Boltzmann机是深度学习模型之一，目前已有大量研究结果证明了RBM模型是个很好的生成模型。如何高效地近似RBM似然函数关于参数的梯度，以便获得RBM图像处理中有效的抽象化特征和获得比较好的生成模型，是网络应用中的重要问题。目前的算法都是使用不同的近似方法来逼近数据期望和模型期望的梯度。

为加速网络收敛且得到可靠估计，已有文献对RBM算法的改进或优化有两类：一类是加正则项或随机“dropout”，以达到稀疏目的，提高目标任务效率，但仍存在训练缓慢等问题。另一类算法，如Hinton等提出的CD算法、贪婪算法和专家乘积系统训练DBN取得了一定效果，但训练时间还是很长。杨杰等提出弱监督学习的去噪受限Boltzmann机特征提取算法，但RBM分类效果并不明显。因此，受第

3章研究工作的启发，改进动量算法能加速网络收敛和提高分类效果，本章将Hinton等人提出的贪婪算法的梯度算法中加入改进动量算法，提出基于动量算法的受限Boltzmann机。

Lopes等和Zhang等都将RBM在多个处理器和Hadoop平台进行测试，效率有较大提升，但RBM分类效果仍不明显。还有学者引入动量项来优化网络提高学习效率，其中Zareba等将经典动量算法和Nesterov动量算法应用到RBM中，其分类效果提高也不明显。这类动量算法要么仅与随机梯度下降算法相结合，要么仅与随机梯度上升算法结合，因此其动量加速有限。李飞等提出的权动量算法从理论上分析了这两种动量加速效果差的原因，提出网络权衰减的动量算法，但仍然是以增大网络权值为代价，权值过大会导致网络的泛化性能降低。Fischer等发现在他们的算法中用动量项并没有起到加速效果，实验结果并没有改变已有文献的结果。受Fischer等提出问题的启发，查找动量加速有限的原因，结合目标数据分布采用Gibbs采样技术提高RBM模型的表示能力，提高CD算法的混合率，本节提出一种基于修正动量的RBM算法。

4.2.1 RBM第一种梯度近似方法

根据第1章介绍的RBM网络结构示意图1-1，以及第2章介绍的RBM梯度计算式（2-20）：

$$\frac{\partial L(\theta)}{\partial \theta_i}=\frac{1}{T}\sum_{t=1}^{T}\left[E_{p(\boldsymbol{h}|\boldsymbol{v}^t)}\left(\frac{\partial\left(-E(\boldsymbol{v}^t,\ \boldsymbol{h})\right)}{\partial \theta_i}\right)-E_{p(\boldsymbol{v},\ \boldsymbol{h})}\left(\frac{\partial\left(-E(\boldsymbol{v},\ \boldsymbol{h})\right)}{\partial \theta_i}\right)\right]$$

对式（2-20）右边的两项期望全部采用Monte Carlo思想近似计算，当给定一个训练样本时，w_{ij}、a_i、b_j三个参数的导数分别为：

$$\begin{aligned}\frac{\partial L(\theta)}{\partial w_{ij}} &= \sum_{h} p(\boldsymbol{h}|\boldsymbol{v}^t) \times \frac{\partial\left(-E(\boldsymbol{v}^t, \boldsymbol{h})\right)}{\partial w_{ij}} - \sum_{v, h} p(\boldsymbol{v}, \boldsymbol{h}) \times \frac{\partial\left(-E(\boldsymbol{v}, \boldsymbol{h})\right)}{\partial w_{ij}} \\ &= \sum_{h} p(\boldsymbol{h}|\boldsymbol{v}^t) \times (v_i^t h_j) - \sum_{v, h} p(\boldsymbol{v}, \boldsymbol{h}) \times (v_i h_j) \\ &= E_{p(\boldsymbol{h}|\boldsymbol{v}^t)}(v_i^t h_j) - E_{p(\boldsymbol{v}, \boldsymbol{h})}(v_i h_j) \\ &\approx v_i^t h_j - v_i^{(k)} \cdot p(h_j = 1|\boldsymbol{v}^{(k)}) \\ &= v_i^{(0)} h_j^{(0)} - v_i^{(k)} p(h_j = 1|\boldsymbol{v}^{(k)}) \end{aligned} \tag{4-1}$$

$$\begin{aligned}\frac{\partial L(\theta)}{\partial a_i} &= \sum_{h} p(\boldsymbol{h}|\boldsymbol{v}^t) \times \frac{\partial\left(-E(\boldsymbol{v}^t, \boldsymbol{h})\right)}{\partial a_i} - \sum_{v, h} p(\boldsymbol{v}, \boldsymbol{h}) \times \frac{\partial\left(-E(\boldsymbol{v}, \boldsymbol{h})\right)}{\partial a_i} \\ &= \sum_{h} p(\boldsymbol{h}|\boldsymbol{v}^t) \times (v_i^t) - \sum_{v, h} p(\boldsymbol{v}, \boldsymbol{h}) \times (v_i) \\ &= E_{p(\boldsymbol{h}|\boldsymbol{v}^t)}(v_i^t) - E_{p(\boldsymbol{v}, \boldsymbol{h})}(v_i) \\ &\approx v_i^t - v_i^{(k)} \\ &= v_i^{(0)} - v_i^{(k)} \end{aligned} \tag{4-2}$$

$$\begin{aligned}\frac{\partial L(\theta)}{\partial b_j} &= \sum_{h} p(\boldsymbol{h}|\boldsymbol{v}^t) \times \frac{\partial\left(-E(\boldsymbol{v}^t, \boldsymbol{h})\right)}{\partial b_j} - \sum_{v, h} p(\boldsymbol{v}, \boldsymbol{h}) \times \frac{\partial\left(-E(\boldsymbol{v}, \boldsymbol{h})\right)}{\partial b_j} \\ &= \sum_{h} p(\boldsymbol{h}|\boldsymbol{v}^t) \times (h_j) - \sum_{v, h} p(\boldsymbol{v}, \boldsymbol{h}) \times (h_j) \\ &= E_{p(\boldsymbol{h}|\boldsymbol{v}^t)}(h_j) - E_{p(\boldsymbol{v}, \boldsymbol{h})}(h_j) \\ &\approx h_j^{(0)} - p(h_j = 1|\boldsymbol{v}^{(k)}) \end{aligned} \tag{4-3}$$

其中，$h_j^{(0)}$为由$\boldsymbol{v}^{(0)}$第一次采样到的隐层单元中第j个隐单元h_j的二值状态值。

本章用Gibbs采样方法来近似梯度，为了使算法稳定，引入学习率$\boldsymbol{\eta}$，RBM模型中各参数更新如下：

$$\Delta w_{ij} = \Delta w_{ij} + \boldsymbol{\eta}[v_i^{(0)} \times h_j^{(0)} - v_i^{(k)} \times p(h_j = 1|\boldsymbol{v}^{(k)})] \tag{4-4}$$

$$\Delta a_i = \Delta a_i + \boldsymbol{\eta}[v_i^{(0)} - v_i^{(k)}] \tag{4-5}$$

$$\Delta b_j = \Delta b_j + \boldsymbol{\eta}[h_j^{(0)} - p(h_j = 1|\boldsymbol{v}^{(k)})] \tag{4-6}$$

4.2.2 RBM第二种梯度近似方法

若对式（2-20）右边的第一项直接计算，第二项采取Monte Carlo思想近似求其期望，则w_{ij}、a_i、b_j三个参数的导数分别为：

$$\begin{aligned}\frac{\partial L(\theta)}{\partial w_{ij}} &= \frac{1}{T}\sum_{t=1}^{T}\left[\sum_{\boldsymbol{h}} p(\boldsymbol{h}|\boldsymbol{v}^t) \times \frac{\partial\left(-E(\boldsymbol{v}^t, \boldsymbol{h})\right)}{\partial w_{ij}} - \sum_{\boldsymbol{v}, \boldsymbol{h}} p(\boldsymbol{v}, \boldsymbol{h}) \times \frac{\partial\left(-E(\boldsymbol{v}, \boldsymbol{h})\right)}{\partial w_{ij}}\right] \\ &= \frac{1}{T}\sum_{t=1}^{T}[p(h_j = 1|\boldsymbol{v}^t) \times v_i^t - \frac{1}{T}\sum_{t=1}^{T} p(h_j = 1|\tilde{\boldsymbol{v}}^t) \times \tilde{v}_i^t] \\ &= \frac{1}{T}\sum_{t=1}^{T}[v_i^t \times p(h_j = 1|\boldsymbol{v}^t) - \tilde{v}_i^t \times p(h_j = 1|\tilde{\boldsymbol{v}}^t)]\end{aligned} \tag{4-7}$$

$$\begin{aligned}\frac{\partial L(\theta)}{\partial a_i} &= \frac{1}{T}\sum_{t=1}^{T}\left[\sum_{\boldsymbol{h}} p(\boldsymbol{h}|\boldsymbol{v}^t) \times \frac{\partial\left(-E(\boldsymbol{v}^t, \boldsymbol{h})\right)}{\partial a_i} - \sum_{\boldsymbol{v}, \boldsymbol{h}} p(\boldsymbol{v}, \boldsymbol{h}) \times \frac{\partial\left(-E(\boldsymbol{v}, \boldsymbol{h})\right)}{\partial a_i}\right] \\ &= \frac{1}{T}\sum_{t=1}^{T} v_i^t - \frac{1}{T}\sum_{t=1}^{T}\tilde{v}_i^t \\ &= \frac{1}{T}\sum_{t=1}^{T}(v_i^t - \tilde{v}_i^t)\end{aligned} \tag{4-8}$$

$$\frac{\partial L(\theta)}{\partial b_j} = \frac{1}{T}\sum_{t=1}^{T}\left[\sum_{\boldsymbol{h}} p(\boldsymbol{h}|\boldsymbol{v}^t) \times \frac{\partial\left(-E(\boldsymbol{v}^t, \boldsymbol{h})\right)}{\partial b_j} - \sum_{\boldsymbol{v}, \boldsymbol{h}} p(\boldsymbol{v}, \boldsymbol{h}) \times \frac{\partial\left(-E(\boldsymbol{v}, \boldsymbol{h})\right)}{\partial b_j}\right]$$

$$=\frac{1}{T}\sum_{t=1}^{T}[p(h_j=1|\boldsymbol{v}^t)-\frac{1}{T}\sum_{t=1}^{T}p(h_j=1|\tilde{\boldsymbol{v}}^t)]$$

$$=\frac{1}{T}\sum_{t=1}^{T}[p(h_j=1|\boldsymbol{v}^t)-p(h_j=1|\tilde{\boldsymbol{v}}^t)] \tag{4-9}$$

其中，$\boldsymbol{v}^t$表示第t个训练样本；v_i^t表示第t个训练样本第i个可见单元的状态；$\tilde{\boldsymbol{v}}^t$表示从RBM网络中采样到的第t个样本；$\tilde{v}_i^t$表示采样到第t个样本时第i个可见单元的状态。梯度近似的采样方法通常有Gibbs采样、PT采样、退火重要性采样。

本章继续用Gibbs采样来近似梯度，此处与Fischer等所采用的PT采样不一样，当给定一个训练样本时，引入学习率$\boldsymbol{\eta}$，各参数更新为：

$$\Delta w_{ij} = \Delta w_{ij} + \boldsymbol{\eta}[v_i^{(0)} \times p(h_j = 1|\boldsymbol{v}^{(0)}) - v_i^{(k)} \times p(h_j = 1|\boldsymbol{v}^{(k)})] \tag{4-10}$$

$$\Delta a_i = \Delta a_i + \boldsymbol{\eta}[v_i^{(0)} - v_i^{(k)}] \tag{4-11}$$

$$\Delta b_j = \Delta b_j + \boldsymbol{\eta}[p(h_j = 1|\boldsymbol{v}^{(0)}) - p(h_j = 1|\boldsymbol{v}^{(k)})] \tag{4-12}$$

4.3 改进的动量算法

本节算法与Hinton等人提出的贪婪算法的最大不同之处是，采用Gibbs采样来近似似然函数梯度时，在RBM训练和微调阶段分别用不同形式的动量项来加速网络收敛和精确找到最优点，取得了更好的识别效果和加速效果。

在神经网络领域，动量方法通常用来加速和提高BP算法。Rumelhart等提出动量项能加速整个BP网络的学习速度，也是改进算法稳定性的一种途径。因此，本节借鉴动量方法的思想来提高网络收敛速度和改进算法的稳定性。

Swersky等用随机最大化似然函数算法，结合权衰减的经典动量算法和Polyak平均，手写体识别实验获得了1.1%的错误率。Sutskever等用近似牛顿迭代Hessian矩阵优化算法，在深度递归神经网络的随机梯度下降过程中发现初始化网络和动量算法都非常重要，并提出Nesterov动量算法。Nitanda将Nesterov动量和随机梯度方差减少技术相结合，手写体识别实验错误率在4%左右。Zareba等将经典动量和Nesterov动量两种算法做了比较，手写体识别实验发现Nesterov动量与经典动量效果一样，RBM最好的识别错误率都是2.04%。Yuan等分析了动量随机梯度法的收敛性和效果性能。这些研究表明在随机梯度方法中，动量方法的确有加速RBM网络收敛和提高学习性能的效果。以上动量方法要么只用于微调阶段的BP网络，或仅用于RBM预训练阶段，虽然都取得了一定的效果，但对DBN整个网络的训练和微调阶段，没有同时用动量方法。

基于以上研究，结合RBM结构原理，我们提出根据梯度上升和梯度下降算法的特点，在各自更新过程中分别引入不同方式的动量项，即在RBM预训练阶段和微调阶段同时使用不同的动量算法，既可以提高识别效果，又可以减少网络学习时间。对于参数的设置，最开始设w_{ij}、a_i、b_j都为0，学习率η设置较大时，收敛快，但会导致不稳定；学习率η设置较小时，可避免不稳定，但收敛慢。为克服这一情况，引入动量项m^*，使得本次参数值修改的方向不完全由当前样本下的似然函数梯度方向决定，而采用上一次参数值修改方向与本次梯度方向的组合，这样可以避免算法过早地收敛到局部最优。这种组合有不同的组合方式，如经典动量算法、Nesterov动量算法及权衰减的动量算法。

经典动量算法为：

$$\theta_t = \theta_{t-1} + m^* \Delta\theta_{t-1} - \eta\left[\frac{\partial L(\theta)}{\partial \theta_i}\right] \tag{4-13}$$

式（4-13）表示的是上一次参数值修改方向与本次梯度的负方向的组合。

Nesterov动量算法为：

$$\theta_t = \theta_{t-1} + m^* \Delta\theta_{t-1} - \eta\left[\frac{\partial L(\theta + m^* \Delta\theta_{t-1})}{\partial \theta_i}\right] \tag{4-14}$$

Nesterov动量算法和经典动量算法之间的区别体现在梯度计算上，Nesterov动量算法中，梯度计算在当前速度之后。因此，Nesterov动量算法可看作在经典动量算法中添加了校正因子。

李飞等从理论上分析了式（4-13）和式（4-14）这两种动量加速效果有差异的原因，进而提出网络权衰减的动量算法，但仍然是以增大网络权值为代价。基于此，本节采取的动量算法不同于以上，RBM训练采取的是梯度上升算法，动量算法采取的是上一次参数值修改方向与本次梯度正方向相加，步长最大，在梯度方向上不停地加速，这样更加快速地收敛到最优。因此，本节在RBM训练中采取的参数更新方式如下：

$$\theta_t = \theta_{t-1} + m^* \Delta\theta_{t-1} + \eta\left[\frac{\partial L(\theta)}{\partial \theta_i}\right] \tag{4-15}$$

而在DBN整个微调阶段，采取的是梯度下降算法，结合梯度下降的特点，为使梯度下降过程中能精确地找到最优点，微调时采用的更新步长较小，以便不错过每个最低点。因此，微调阶段BP网络中参数$\boldsymbol{W}$的更新方式为：

$$nn.\boldsymbol{W}(n) = nn.\boldsymbol{W}(n-1) - m' \times nn.\Delta\boldsymbol{W}(n-1) - \eta' \times [nn.\Delta\boldsymbol{W}(n)] \tag{4-16}$$

即在RBM梯度上升和梯度下降过程中采用了不同的步长。动量算法积累了之前梯度指数级衰减的移动平均，并且继续沿该方向移动。梯度下降算法中加入动量效果如图4-1所示。等高线描绘了一个二次损失函数，横跨轮廓的路径表示动量学习规则所遵循的路径，箭头表示普通梯度下降的路径。

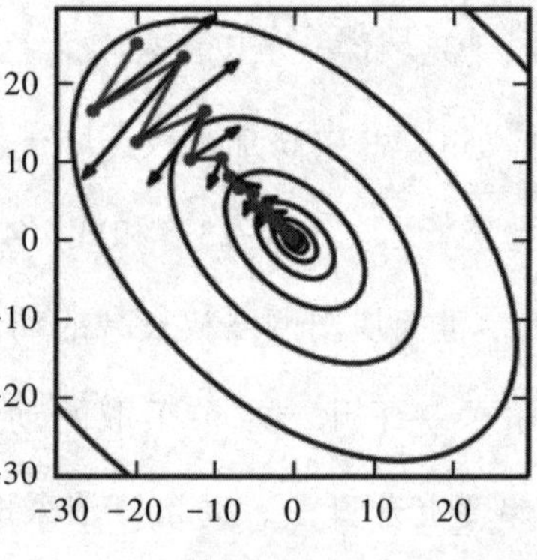

图4-1　加入动量后的梯度下降路径图

从图4-1中可以看出，二次损失函数看起来像一个长而窄的山谷或具有陡峭边的峡谷。动量正确地纵向穿过峡谷，而普通的梯度下降会浪费时间在峡谷的窄轴上来回移动。因此，动量能起到很好的加速收敛作用，提高分类效果。多个RBM的堆叠构成的改进动量算法的

DBN，其主要学习算法如算法4.1所示。

算法4.1 改进动量算法的DBN主要学习算法

1）给定训练集$S=\{\boldsymbol{v}^1, \boldsymbol{v}^2, \cdots, \boldsymbol{v}^T\}$，分批训练，每批有$S=T$个样本，可见单元和隐单元分别设为$n$个和$m$个，每个RBM的学习率设$\boldsymbol{\eta}$，动量为$m^*$，迭代次数为$J$。BP网络的学习率设为$\boldsymbol{\eta}'$，动量为$m'$，迭代次数为$J'$。

2）随机初始化 $\Delta w_{ij}=\Delta a_i=\Delta b_j=0$， for $i=1, 2, \cdots, n$；$j=1, 2, \cdots, m$

3）对RBM中所有的样本$\boldsymbol{v}\in S$

4）$\boldsymbol{v}^{(0)}\leftarrow \boldsymbol{v}$

5）对每个样本$t=0, 1, \cdots, k-1$

6）对$j=1, 2, \cdots, m$，采样$h_j^{(t)}\sim p(h_j|\boldsymbol{v}^{(t)})$

7）对$i=1, 2, \cdots, n$，采样$v_i^{(t+1)}\sim p(v_i|\boldsymbol{h}^{(t)})$

8） End For

9） For $i=1, 2, \cdots, n$； $j=1, 2, \cdots, m$ do

10） 参数更新：

11） $\Delta w_{ij}\leftarrow m^*\cdot\Delta w_{ij}+\boldsymbol{\eta}[v_i^{(0)}h_j^{(0)}-v_i^{(k)}p(h_j=1|\boldsymbol{v}^{(k)})]$

12） $\Delta a_i\leftarrow m^*\cdot\Delta a_i+\boldsymbol{\eta}[v_i^{(0)}-v_i^{(k)}]$

13） $\Delta b_j\leftarrow m^*\cdot\Delta b_j+\boldsymbol{\eta}[h_j^{(0)}-p(h_j=1|\boldsymbol{v}^{(k)})]$

14） End For

15）在每个RBM中迭代$iter=1, 2, \cdots, J$

16）所有的参数批量更新方式：

17）　$W \leftarrow W + m^{*} \cdot \Delta W + \eta[\frac{1}{T}\Delta W]$

18）　$a \leftarrow a + m^{*} \cdot \Delta a + \eta[\frac{1}{T}\Delta a]$

19）　$b \leftarrow b + m^{*} \cdot \Delta b + \eta[\frac{1}{T}\Delta b]$

20）　End For

21）　在BP网络中迭代 $iter = 1, 2, \cdots, J'$

22）　参数 W' 更新方式：

23）　$W' \leftarrow W' - m' \cdot \Delta W' - \eta'[\frac{1}{T}\Delta W']$

24）　End For

得到3个参数 W、a、b 的更新方式，是为整个BP网络初始化训练做准备，RBM对数据进行编码后，交给监督学习方法进行分类，分类的时候有标签，便于计算期望输出和实际输出之间的交叉熵损失函数。DBN在训练模型的过程中主要分为两步：

第1步：预训练阶段，分别单独无监督地训练每一层RBM网络，确保特征向量映射到不同的特征空间时（也即隐层），都尽可能多地保留特征信息。

第2步：微调阶段，训练每一层的RBM网络只能确保自身层内的权值对该层特征向量映射达到最优，并非对整个DBN的特征向量映射达到最优。所以反向传播网络还将错误信息自顶向下传播到每一层RBM，微调整个DBN，BP网络由信息的正向传播和网络利用最后一层神经元的实际输出值与期望输出值之间的误差来反向微调两个过程组成，它通过反向传播不断调整网络的权值和阈值，使网络的误差平方和最小。RBM网络训练模型的过程可看作对一个深层BP网络权值参数的初始化，使DBN克服了BP网络因随机初始化权值参数而易陷入局部最优和训练时间长的缺点。

对神经网络而言，损失函数可以没有全局最小点，随着训练模型逐渐稳定后，渐进地收敛于某个值。对于分类问题，若模型能够正确分类训练集的每个样本，则损失函数可以无限趋近但不会等于零。我们能不能找到真正的全局最小点并不重要，重要的是要在参数空间中找到一个代价很小的点。

4.4 修正的动量算法

本节算法与Fischer等提出的方法有3处不同。第一个不同之处是，在RBM训练和微调阶段分别用不同形式的动量项来加速网络收敛和精确找到最优点；第二个不同之处是，采用Gibbs采样来近似似然函数梯度；第三个不同之处是，修改隐单元偏置更新方式来取得更好的识别效果和加速效果。

首先，我们讨论隐单元偏置的更新方式。PT采样的多个Markov链混合困难是一直存在的，但当目标分布不是很复杂的时候，Gibbs采样通过单个Markov链就能很好地近似目标分布。因此，本节采用Gibbs采样来训练RBM模型。然而，Tieleman提到，当RBM隐单元取值采用概率值时会导致模型带来密度问题如图4-2所示，但并不影响模型识别。

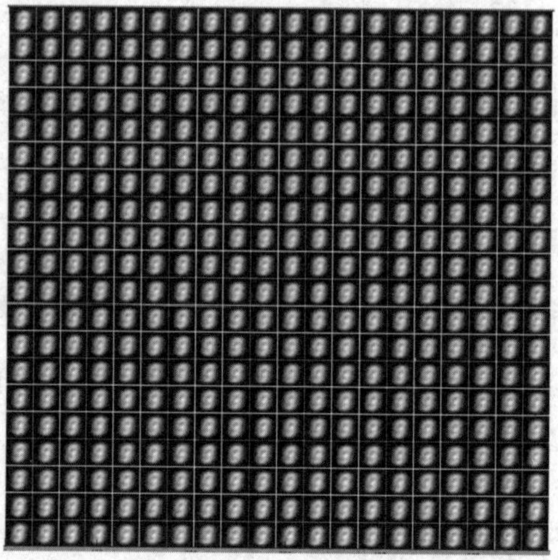

图4-2　密度问题的权重图

在实验过程中我们发现，虽不影响识别效果，但在同样时间内，其识别效果要差些。在MNIST数据库上的识别实验情况如图4-3所示。

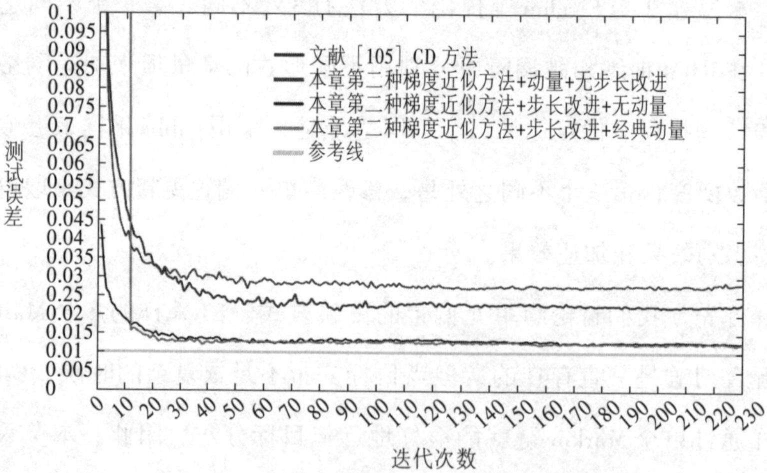

图4-3　隐单元的偏置采用概率值更新时的MNIST实验情况

在图4-3中我们发现，的确与Fischer等所述一样，当不改进隐单元偏置b_j更新方式时，即使加入动量项也没起到加速作用（如图4-3第1条曲线走势），相反，比没加入动量项时的识别效果更差。当只改进偏置b_j的更新步长时，其效果如图4-3中的第3条曲线走势。受此启发，我们先增大偏置b_j更新步长，再加入经典动量项（如图4-3中第4条曲线所示），说明在改进隐单元偏置的基础上，再加入动量项的思路可行。从而隐单元偏置采用状态值与概率值的差进行更新，当训练一个样本时，b_j的参数更新方式改为：

$$\Delta b_j = \Delta b_j + \boldsymbol{\eta}[h_j^{(0)} - p(h_j = 1|\boldsymbol{v}^{(k)})] \tag{4-17}$$

当偏置更新步长加大时，实验中得到的权重就没有密度问题，且在同样时间内，其分类效果要好。

下面，我们讨论动量的选取问题。受第3章和第4章提出改进动量算法的启发，在RBM训练和微调阶段分别采用不同形式的动量项，既可以减少网络学习时间，又可以提高识别效果。具体动量形式见4.3节中的式（4-15）和式（4-16）。

在实际算法中，采用批量进行训练，如每次T个样本进行训练，利用MATLAB中矩阵间相乘运算的优势，参数更新过程中使用参数的平均梯度，即：

$$\boldsymbol{W} = \boldsymbol{W} + m^* \cdot \Delta\boldsymbol{W} + \eta[\frac{1}{T}\Delta\boldsymbol{W}] \tag{4-18}$$

$$\boldsymbol{a} = \boldsymbol{a} + m^* \cdot \Delta\boldsymbol{a} + \eta[\frac{1}{T}\Delta\boldsymbol{a}] \tag{4-19}$$

$$\boldsymbol{b} = \boldsymbol{b} + m^* \cdot \Delta\boldsymbol{b} + \eta[\frac{1}{T}\Delta\boldsymbol{b}] \tag{4-20}$$

$$\boldsymbol{W}' = \boldsymbol{W}' - m' \cdot \Delta \boldsymbol{W}' - \eta' [\frac{1}{T} \Delta \boldsymbol{W}'] \tag{4-21}$$

采用修正动量的k步Gibbs采样RBM算法，如算法4.2所示，得到3个参数$\boldsymbol{W}$、$\boldsymbol{a}$、$\boldsymbol{b}$的更新方式，为整个BP网络初始化作准备，RBM对数据进行编码后，交给监督学习去分类。

算法4.2　基于修正动量的RBM算法

输入：RBM ($\boldsymbol{v}_1$, $\boldsymbol{v}_2$, …, $\boldsymbol{v}_n$, $\boldsymbol{h}_1$, $\boldsymbol{h}_2$, …, $\boldsymbol{h}_m$)，分批训练，每批有T个样本，RBM的学习率为$\boldsymbol{\eta}$，动量为m^*

输出：参数$\boldsymbol{W}$，$\boldsymbol{a}$，$\boldsymbol{b}$

1）For i=1，2，…，n；j=1，2，…，m，初始化$\Delta w_{ij} = \Delta a_i = \Delta b_j = 0$

2）对所有的样本$\boldsymbol{v}^t$，t = 1，2，…，T

3）$\boldsymbol{v}^{(0)} \leftarrow \boldsymbol{v} = \boldsymbol{x}$

4）对每个样本t = 0，1，…，$k - 1$

5）对j = 1，2，…，m 采样$h_j^{(t)} \sim p(h_j | \boldsymbol{v}^{(t)})$

6）End For

7）对j = 1，2，…，m 采样$v_i^{(t+1)} \sim p(v_i | \boldsymbol{h}^{(t)})$

8）End For

9）For i = 1，2，…，n；j = 1，2，…，m

10）$\Delta w_{ij} \leftarrow m^* \cdot \Delta w_{ij} + \boldsymbol{\eta} [v_i^{(0)} p(h_j = 1 | \boldsymbol{v}^{(0)}) - v_i^{(k)} p(h_j = 1 | \boldsymbol{v}^{(k)})]$

11）$\Delta a_i \leftarrow m^* \cdot \Delta a_i + \boldsymbol{\eta} [v_i^{(0)} - v_i^{(k)}]$

12）$\Delta b_j \leftarrow m^* \cdot \Delta b_j + \boldsymbol{\eta} [h_j^{(0)} - p(h_j = 1 | \boldsymbol{v}^{(k)})]$

13）End For

在实验过程中，隐单元个数的设置依据的大致原则是：不能过少，过少时RBM网络拟合效果很差，导致学习效果差；过多时，训练的误差比较小，但是学习时间很长，效果并不一定很好。这个必须根据实际实验情况通过反复实验去设置。

首先初始化网络，设置参数的初始值 $w_{ij}=0$，$a_i=0$，$b_j=0$。整个实验都是在MATLAB R2014a和Microsoft Windows 8操作系统下，CPU是Intel（R） core（TM） i7-4770 HQ CPU @2.2GHz，内存是16GB的环境下实现的。

4.5 改进动量算法的分析及应用

本节运用第一种梯度近似算法与改进的动量算法相结合的方式，在MNIST数据库、Extended Yale B和CMU-PIE人脸数据库上做图像识别的应用，来体现提出的改进动量算法能有效地加速RBM网络收敛，增加特征的鲁棒性，提高网络泛化能力。通过MNIST数据库上的图片识别应用，来说明本章提出的改进动量算法能提高网络识别效果和减少网络学习时间。通过Extended Yale B和CMU-PIE人脸数据库上的人脸图像识别应用，表明改进动量算法对多姿态、不同光照和表情变化仍然有不错的特征表示能力，提取到的人脸特征具有较好的分类性能。

4.5.1 MNIST数据库手写体识别

本小节采用MNIST手写体字符识别数据库，MNIST数据库包含

70 000张0～9的10个手写数字图片，每张图片大小是28 × 28，随机选取60 000张图片用来训练，10 000张用来测试。60 000张图片训练时，每一批训练100张图片，分600批来进行。

若构建一个RBM：784-400-10，隐单元设置为400时效果最好，用本章算法4.1，RBM迭代30次，微调30次，错误率可达1.58%；只需要10分钟，RBM识别就可达1.42%的分类错误率。当网络结构为784-900-10时，参数设置与隐单元为400时一样，不同迭代次数得到的结果见表4-1。以下各表中的耗时指的是训练和测试一起的时间。

表4-1　不同RBM模型在MNIST数据库上的实验情况

不同RBM	网络结构	分类错误率（%）	耗时（min）
杨杰等提出的去噪RBM	784-1500-10	6.45	—
MapReduce RBM	784-900-10	2.92	7.5
本章算法4.1 RBM	784-900-10	1.63	7
本章算法4.1 RBM	784-400-10	1.58	6.5
MapReduce RBM	784-900-10	2.89	12
本章算法4.1 RBM	784-900-10	1.46	11
Zareba等提出的动量RBM	784-400-10	2.04	—
第3章算法 RBM	784-400-10	1.7	10
本章算法4.1RBM	784-400-10	1.42	10

从表4-1的结果可以看出，本章算法4.1构成的RBM学习时间和分类效果比杨杰等的去噪RBM算法、MapReduce RBM算法、第3章的动量RBM算法、Zareba等的经典动量算法和Nesterov动量算法都明显有提高，错误率至少降低了30%。且本章算法4.1简单易于实现，

不需要面临Hadoop平台的MapReduce框架设计等问题。

若构建2个隐层网络：784-400-1000-10，用本章算法4.1，经过1小时36分钟，分类错误率可达1.02%。将本章算法4.1与其他有关DBN的算法对比的结果见表4-2。

表4-2 **不同DBN模型在MNIST数据库上的实验结果**

不同模型算法	网络结构	分类错误率(%)	耗时(h)
Mayraz的算法	784-500-500-500-10	1.7	24
Hinton的贪婪算法	784-500-500-2000-10	1.25	大于9
异构体并行框架算法	784-400-200-100-10	1.39	—
权衰减动量算法	784-500-500-2000-10	1.1	—
第3章动量算法+专家乘积	784-500-500-10	1.32	1.25
训练和微调都无动量	784-400-400-10	1.3	2
训练用动量、微调无动量	784-400-400-10	1.15	1.8
本章算法4.1	784-400-400-10	1.02	1.6

表4-2的结果显示，本章算法4.1构建2个隐层DBN的分类效果比Mayraz等和Hinton等提出的贪婪算法的3个隐层DBN、Swersky等提出的有关DBN的算法、王岳青等有关DBN的算法要稍好些。与Hinton等提出的贪婪算法每一层的学习时间需要几个小时相比，本章算法4.1能缩短80%以上网络学习时间且分类效果好。若RBM训练和BP算法微调时都不用动量，其他参数设置不变，分类错误率为1.3%，与其他算法比分类效果没有提高，整个网络耗时2个小时。而用本章算法4.1，分类错误率与完全不用动量比可降低约22%，时间也较未

用动量算法减少20%；训练时用动量、微调不用动量与完全不用动量时的结果相比，分类错误率能降低12%，时间能减少10%。实验结果表明，动量算法确实可以提高网络识别效果，减少网络训练和学习时间，并且本章提出的改进动量算法4.1在保证网络正确率有所提升的同时，还能减少网络训练耗时。

可视化网络在MNIST数据库上学习到的第一层权重的图像如图4-4所示，它相当于手写体数字的特征提取器，图4-4（a）为本章算法4.1学习到的权重图像可视化，图4-4（b）为第3章改进的专家乘积算法学习到的权重图像可视化。对比图4-4的两个图可看出，图4-4（a）中动量优化网络的特征提取图像线条相对模糊，表明其鲁棒性较好，所以其网络的分类预测效果更佳。

4.5.2　Extended Yale B数据库人脸识别

本小节用Extended Yale B数据库进行人脸识别，该数据库包含38人的2 414张不同光照和表情的人脸图像。我们将所有图像剪辑成大小为32 × 32的人脸图像进行分类，随机选取2 100张图片用来训练，剩下的314张图片用来测试。

构建两个隐层的DBN：1024-600-600-38，采用本章提出的改进动量算法来识别38人的人脸图像，将RBM和BP网络中的动量分别设置为$m^* = 0.4$，$m' = 0.5$。7分钟网络识别错误率可达2.67%，与郭继昌等的Fisher约束方法、Tu等的算法和第3章专家乘积方法的结果对比见表4-3。

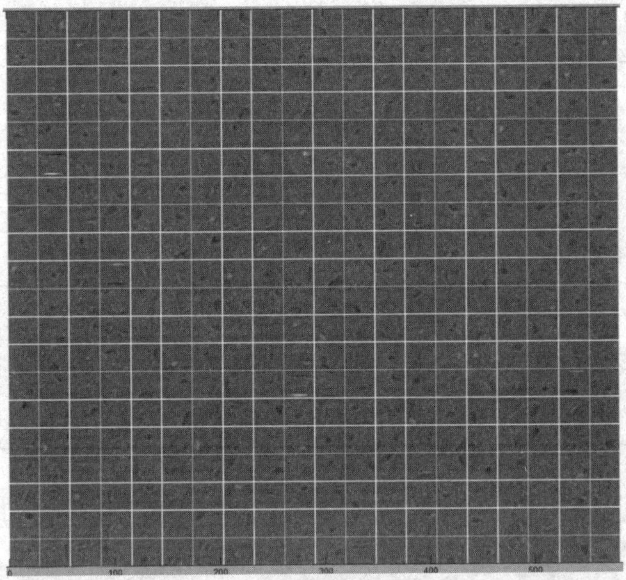

（a）本章算法4.1

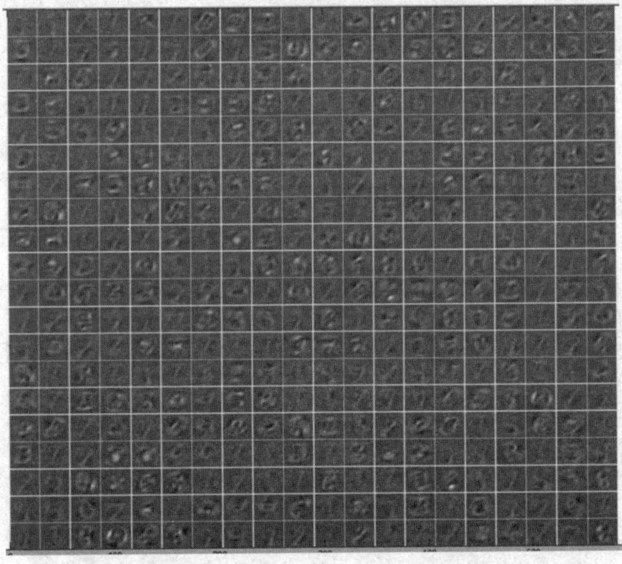

（b）第3章的专家乘积方法

图4-4　可视化网络学习到的第一层网络的权重

表4-3　　不同算法在Extended Yale B数据库上的实验情况

不同算法	网络结构	识别正确率（%）	耗时（m）
郭继昌等Fisher算法	—	97.27	53.6
Tu等提出的算法	—	89.4	—
第3章专家乘积算法	1024-600-600-38	97.67	7.4
本章算法4.1+无动量	1024-600-600-38	95%	7.8
本章算法4.1	1024-600-600-38	97.33	7

从表4-3的结果可以看出，本章改进动量算法4.1的识别结果97.33%优于郭继昌等Fisher算法、Tu等提出的算法的结果，略差于第3章专家乘积算法97.67%的结果，但其在计算效率上略有优势。且本章改进动量算法能起到很好的加速作用，加入动量后，其识别效果能提高2.33%，时间上也能减少10%。

4.5.3　CMU-PIE数据库人脸识别

本节图像识别采用CMU-PIE数据库，该数据库包含68位志愿者的41 368张多姿态、不同光照和表情的面部图像。选取数据库中尺寸为32 × 32的30种人脸图像进行分类，每种人脸均有170张不同的数据，即共有5 100个带标的数据，随机选取4 500个作为训练数据，其余600个数据作为测试数据；选取尺寸为32 × 32的68人的11 554张图片，其中10 000张图片作为训练样本，剩下的1 554张图片用来测试。

构建两个不同规模的DBN，分别用于30人和68人的人脸图像识别，原网络与动量优化网络识别正确率和耗时情况对比结果见表4-4。

表4-4　**动量优化网络与原网络在CMU-PIE人脸数据集上的实验结果对比**

不同算法	网络结构	识别正确率（%）	耗时（min）
付晓等提出的算法，30人	1024-500-500-30	98.83	17.7
第3章算法，30人	1024-600-600-30	98.83	9
本章算法4.1+无动量，30人	1024-500-500-30	97.83	6.5
本章算法4.1，30人	1024-500-500-30	99.17	6
李倩玉等提出的算法，68人	1024-CNN-SAE-SAE-68	96.17	—
第3章算法，68人	1024-100-100-68	98.13	6.25
本章算法4.1+无动量，68人	1024-100-100-68	97.8	6.5
本章算法4.1，68人	1024-100-100-68	98.47	6

本章算法4.1对30人的人脸识别效果要好于68人的人脸识别效果，因为68人的人脸图像数据量大且类别多。与付晓等提出的算法相比，本章算法4.1的识别错误率降低了29%，时间上节省了66%以上。表4-4的对比结果显示，本章提出的改进动量算法4.1无论对30人的人脸识别还是对68人的人脸识别，较未用动量的网络识别正确率都有较大的提高。在没有如此大规模数据的时候，网络学习时间没有很明显的优势，但更符合实际问题的应用。李倩玉等利用改进深度网络自动提取特征的人脸识别算法，同样在CMU-PIE人脸数据库68

人的人脸识别中取得了96.17%的识别正确率。而本章算法4.1对68人的人脸识别，约6分钟就取得了98.47%的识别正确率，与李倩玉等提出的算法和第3章的改进专家乘积算法的结果相比，错误率分别降低了60%和降低了18%，说明RBM模型的改进动量算法能够有效地增强图像特征的表示能力，其网络的泛化能力和鲁棒性都比较好，识别效果较其他方法有所提高。

可视化CMU-PIE人脸数据库中100张人脸图片以及网络学习到的权重分别如图4-5和图4-6所示。

图4-5 可视化CMU-PIE原数据库中随机的100张人脸图片

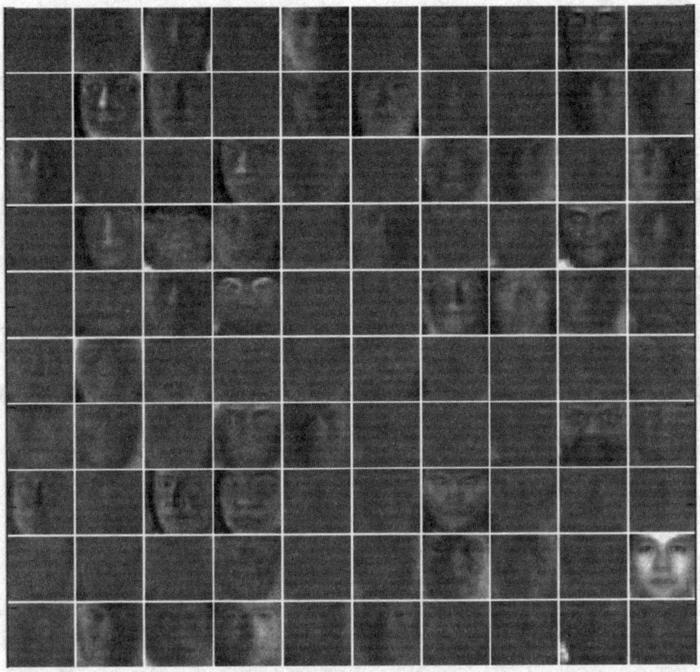

图4-6　可视化优化网络100个隐单元的第一层网络的权重图像

图4-5为原数据库中人脸图像的可视化，可见本数据库中含有丰富的姿态和光照变化。结合表4-4的实验结果分析可知，本章算法4.1对多姿态、不同光照和表情变化仍然有不错的表现和特征表示能力，鲁棒性较好。图4-6为动量优化网络学习到的权重图像可视化，隐约可以看见模糊的人脸，它相当于特征提取器，提取到的人脸特征具有较好的分类性能。

4.6　修正动量算法的分析及应用

本节的图像识别运用Gibbs采样、第二种RBM梯度近似算法和修正动量算法，结合快速上升的动量算法来优化网络加速收敛，同时采用缓慢下降的动量算法来微调整个网络参数，以加速网络收敛和增加特征的鲁棒性，提高网络泛化能力。MNIST手写体识别实验，分别构建RBM模型和两个隐层的DBN模型，来说明本章提出的修正动量算法能提高网络识别效果和减少网络训练及学习时间。Extended Yale B和CMU-PIE人脸识别实验，体现了提出的修正动量算法能有效地增强图像特征的表示能力，提高网络的泛化能力和鲁棒性，分类效果更佳。

4.6.1 MNIST数据库手写体识别

本节采用MNIST手写体数据库上的图像做识别应用，MNIST数据库包含70 000张0~9的10个手写数字图像，随机选取60 000张图像用于训练，10 000张用于测试。

先构建一个RBM，隐单元个数设置为400，即网络结构为：784-400-10，用本章修正动量算法4.2，当训练40次和微调45次时，经过6.5分钟，错误率达1.47%；当训练50次，微调54次时，经过10分钟，错误率可达1.33%。当建立784-900-10的网络结构时，其他参数的设置与400个隐单元时一样，不同迭代次数得到不同结果，经过11分钟，错误率可达1.38%。其他方法的RBM模型结果见表4-5。以下各表中的耗时指的是训练和测试一起的时间。

从表4-5的结果可以看出，本章提出的算法4.2的RBM模型学习时间和分类效果优于其他同类RBM算法。比Zhang等的MapReduce

RBM算法、本章算法4.1的RBM算法和Zareba等的经典动量算法及Nesterov动量算法的分类效果都明显提高，错误率降低了6%~35%。本章算法4.2的优点在于简单易于操作且动量加速效果好，不需要面临Hadoop平台的MapReduce框架设计等问题。

表4-5　　不同RBM模型在MNIST数据库上的实验情况

不同RBM	网络结构	识别正确率（%）	耗时（min）
Zhang等的MapReduce RBM	784-900-10	2.92	7.45
本章算法4.2 RBM	784-900-10	1.76	7
本章算法4.2 RBM	784-400-10	1.47	6.5
Zhang等MapReduce RBM	784-900-10	2.89	12
本章算法4.2 RBM	784-900-10	1.38	11
Zareba等的两种动量RBM	784-400-10	2.04	—
本章算法4.1 RBM	784-400-10	1.42	10
本章算法4.2 RBM	784-400-10	1.33	10

当构建两个隐层的DBN：784-400-400-10，经过42分钟，错误率就可降到1.03%，本章算法4.2在MNIST数据库上的训练误差和测试误差随着迭代次数的变化趋势如图4-7所示。

本章算法4.2的DBN模型与其他有关DBN方法在MNIST数据库上实验情况对比结果见表4-6。

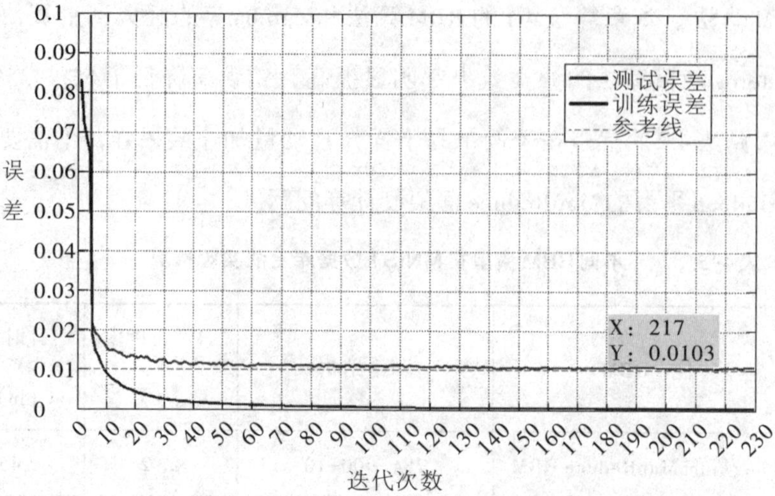

图4-7　本章算法在MNIST数据库上的训练误差和测试误差变化趋势

表4-6　**不同算法的DBN模型在MNIST数据库上的实验结果**

不同DBN算法	网络结构	分类错误率(%)	耗时(h)
Mayraz等的专家乘积算法	784-500-500-500-10	1.7	24
Hinton等的CD+无动量算法	784-500-500-2000-10	1.25	大于9
Swersky等的权衰减动量算法	784-500-500-2000-10	1.1	—
史科等的算法	784-1300-1300-1300-1300-10	1.09	—
Ji等的Logsum算法	784-500-500-2000-10	1.02	—
本章算法4.1	784-400-1000-10	1.02	1.6
本章算法4.2+无步长修改	784-400-400-10	2.77	0.75
本章算法4.2+步长修改+无动量	784-400-400-10	1.28	0.8
本章算法4.2+步长修改+经典动量	784-400-400-10	1.20	0.76
本章算法4.2	784-400-400-10	1.03	0.7

表4-6的结果显示，本章算法4.2构成的DBN网络在MNIST测试库上取得了1.03%的分类错误率，其识别结果略次于Ji等的Logsum算法和本章算法4.1取得的1.02%的分类错误率，但时间会减少50%以上，从网络结构的隐单元设置层数和个数来看，本章修正动量算法4.2比Ji等提出的Logsum算法和本章算法4.1的计算效率要高。其构成两个隐层DBN的分类效果比Mayraz等、Hinton等和Swersky等3个隐层的DBN方法也要好，无论识别效果还是效率都优于史科等4个隐层的Gibbs采样方法。不同DBN算法在MNIST测试数据库上，其测试误差表现如图4-8所示。为便于比较，图4-8中不同DBN的参数设置都是在各网络最优情况下设置的，除了Hinton等提出的CD算法和本章算法4.1的训练次数设为100外，其他算法的训练次数都设为50，微调次数统一设为230。与本章算法4.1相比，其效果很相似，但是在相同的时间内，本章算法4.2只需50次训练，而本章算法4.1的DBN模型需100次训练，且其最后一层隐单元个数设置得要足够多才能很好地表达其学习到的特征，所以本章算法4.1要达到最优需要的时间会长些，本章算法4.2会较早收敛到最优点，略优于本章算法4.1。当修改隐单元偏置的参数更新步长，而训练和微调都不用动量项，其他参数设置不变时，分类错误率为1.28%；而用本章动量算法4.2，分类错误率与不用动量时可降低约20%；本章算法4.2与用本章改进动量算法但不修改隐单元偏置更新步长的算法相比，分类错误率可降低约63%，由此可见修改隐单元偏置的更新方式很重要。图4-8还揭示出，在同样Gibbs采样条件下，修改隐单元偏置更新步长后，

梯度式（2-20）的第一项采取直接计算（如图4-8中第5条曲线所示）比近似计算（如图4-8中第4条曲线所示）的效果要稍好。实验结果表明，本章提出的修正动量算法4.2在DBN中，其识别效果也优于其他同类算法。

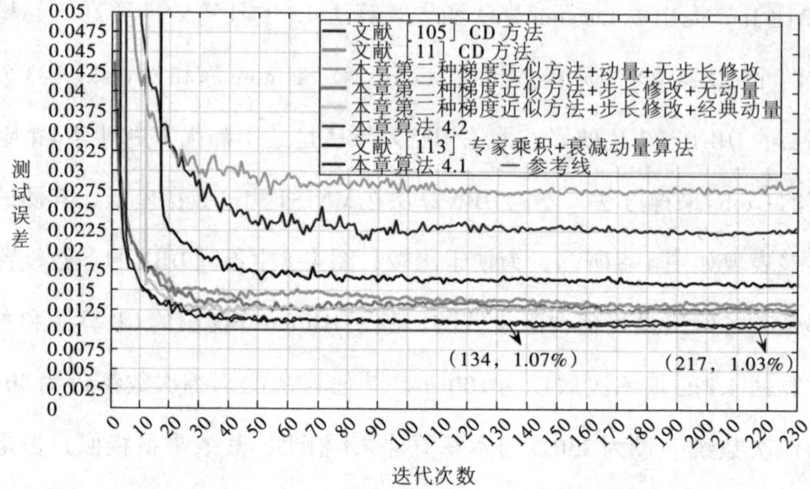

图4-8 不同DBN算法在MNIST测试数据库上的测试误差变化情况

4.6.2 Extended Yale B数据库人脸识别

本次采用Extended Yale B人脸数据库做图像识别，该数据库包含38人的2 414张不同光照和表情的人脸图像。我们将所有图像剪辑成大小为32 × 32人脸图像进行分类，随机选取2 100张图片用于训练，剩下的314张图片用于测试，分批训练，每批样本为100张图片。

构建两个隐层DBN：1024-600-600-38，采用本章算法4.2来识别38人的人脸图像，经过6分钟，50次训练和600多次的微调，识别错误率达到2.67%。与郭继昌等的Fisher约束算法和Tu等的算法同在Extended Yale B人脸数据库上的实验结果相比见表4-7。

表4-7　**不同算法在Extended Yale B人脸数据库上的实验结果**

不同算法	网络结构	识别正确率（%）	耗时（min）
郭继昌等的Fisher算法	—	97.27	53.6
Tu等的算法	—	89.4	—
本章CD算法，无动量	1024-600-600-38	96	6.2
本章算法4.2	1024-600-600-38	97.33	6

由此可以看出本章算法4.2的识别正确率97.33%略优于郭继昌等提出的Fisher约束算法的97.27%，且其计算效率有明显优势，比Tu等提出算法的识别正确率提高了7.93%。

4.6.3　CMU-PIE数据库人脸识别

本小节采用CMU-PIE数据库做人脸图像识别，该数据库包含68位志愿者的41 368张多姿态、不同光照和表情的面部图像。选取数据库中尺寸为32 × 32的子集，包含68人，每个人约有170张不同的图像，共11 554张图片。实验分别对30人和68人的人脸图像进行识别，30人时，选取5 100个带标的数据包含30人的图像，其中随机选取4 500张图像来训练，其余600张图片用来测试；68人时，选10 000张图像作为训练样本，剩下的1 554张图片用来测试。

分别建立1024-600-600-30和1024-100-100-68的网络结构来识别30人和68人的人脸图像，用本章算法4.2，识别正确率分别可达

99.17%和98.67%，不同算法在CMU-PIE人脸数据库上的人脸识别结果见表4-8。

表4-8　**不同算法在CMU-PIE人脸数据库上的实验结果对比**

不同算法	网络结构	识别正确率（%）	耗时（min）
付晓等的算法，30人	1024-500-500-30	98.83	17.7
本章算法4.2+无动量	1024-600-600-30	97.33	10
本章算法4.2	1024-600-600-30	99.17	9.5
李倩玉等的算法，68人	1024-CNN-SAE-SAE-68	96.17	—
本章算法4.1，68人	1024-100-100-68	98.47	6
本章算法4.2+无动量	1024-100-100-68	97.93	6.5
本章算法4.2	1024-100-100-68	98.67	6

因30人的数据量少且类别也少，30人的人脸识别正确率达99.17%，比68人的人脸识别正确率98.67%要稍好。无论是30人还是68人的人脸识别，使用本章算法4.2后的网络比没有用动量的网络识别正确率至少要提高约0.8%。与付晓等提出的算法相比，本章算法4.2对30人的识别正确率提高了0.34%，且时间上缩短了46%。与李倩玉等提出的算法、本章算法4.1相比，本章算法4.2对68人的识别正确率分别提高了2.5%和0.2%。说明本章提出的修正动量算法能够有效地增强RBM模型对图像本质特征的提取能力，其网络的泛化能力和鲁棒性都较好，识别效果较其他方法有所提高。

综合以上4组图像识别结果，本章提出的修正动量算法在图像识别中有效。对式（2-20），采用第一项直接计算，第二项利用Gibbs

采样近似计算，其近似效果较好，再结合本章提出的修正动量算法，其加速效果较明显。针对RBM训练时采用梯度上升算法，采取的是上一次参数值修改方向与本次梯度正方向相加的动量方式，即在梯度指向相同的方向上加大了步长，能更加快速地使网络收敛。微调整个网络时，根据梯度下降算法，采取梯度缓慢下降的动量方式，微调时的更新步长较小，便于精确地搜索到最优点，因此实验中也发现网络对微调比较敏感，每一次微调后其分类结果不一样。本章构建的RBM网络不同阶段使用不一样的动量，与其他方法相比，可使优化后的网络在同样的时间内，分类效果更好。

4.7 本章小结

本章提出了基于动量方法RBM的一种改进算法，在RBM模型的理论原理上，将不同组合方式的动量项加入RBM训练阶段和微调阶段，起到加速整个网络收敛和提高网络泛化能力的作用，并将算法在MNIST手写体数据库、Extended Yale B和CMU-PIE人脸数据库上分别做图像分类的应用，与其他RBM同类算法做比较。识别结果表明，本章提出的动量算法4.1简单有效，在保证网络正确率提升的同时，能减少网络学习时间。尤其在处理高维复杂的数据和训练多层网络的情况下，本章算法4.1的分类效果优势较为明显，说明RBM模型对改进的算法具有极强的特征表示能力，动量优化后的网络具有较强的泛化能力和鲁棒性。在MNIST数据库、Extended Yale B和CMU-PIE人脸数据库上的图像识别结果也说明了本章算法4.1的有效性。

然而，并不是所有的RBM梯度近似算法与动量方法的融合都能起到加速网络收敛的作用，因此，针对Luo等提出的动量项在他们的算法中无法起到加速作用的问题，本章又提出了一种基于修正动量的RBM算法。针对RBM梯度的计算，采用第一项利用样本直接计算，第二项利用Gibbs采样近似计算，但当隐单元的取值采用概率值时会导致模型识别效果不理想，动量项也无法起到很好的加速作用，还会带来密度问题。于是，我们修改了隐单元偏置的更新方式来避免以上问题。再结合不同方式不同效用的动量项加入到RBM训练和微调阶段，共同作用以加速网络收敛和提高分类效果。本章算法4.2在MNIST数据库、Extended Yale B和CMU-PIE人脸数据库上分别进行了图像识别与分析，并与同类RBM算法、DBN算法做比较。应用结果表明，本章提出的修正动量算法4.2在图像识别上快速且有效，尤其在人脸识别上效果较为明显，说明RBM梯度计算与提出的修正动量算法相结合，能使RBM具有较强的特征表示能力和分类能力，不同动量优化后的网络具有很好的泛化能力和鲁棒性。

5

基于权衰减动量RBM的ACD算法

5.1 引言

第4章介绍了改进的动量方法与RBM不同梯度近似方法的结合，有的梯度近似方法能很好地与之融合，加速收敛并能提高网络识别效果；有的梯度近似方法不一定能与动量融合，没有起到加速收敛的作用。借鉴Ma等提出的平均对比散度算法思想，以及第4章的梯度近似计算的采样方法和修正动量的思路，本章提出基于权衰减动量RBM的平均对比散度算法。RBM梯度近似算法是基于Ma等提出的平均对比散度思想改进的一种新的梯度算法，主要做了3个工作：首先，为提高RBM网络的表示能力，更好地近似其梯度，提出基于权衰减动量的改进ACD算法。本章采用RBM网络中Gibbs采样的多个样本的平均来近似，每批数据样本在RBM网络中采样到新的样本，用此新的批样本的平均来近似梯度。此处的样本平均和采样方法与Ma等提出的AIS采样不一样。其次，为加速网络收敛和提高网络泛化能力，提出权衰减的改进动量算法。在RBM预训练阶段和微调阶段分别引入不同衰减因子和不同形式动量项的一种改进算法。在每个RBM中结合梯度上升算法，采取快速收敛的权衰减动量形式来训练，减少网络学习时间。同时，用BP算法微调整个网络时，引入缓慢下降式不同衰减的动量项，便于梯度下降过程中能精确地找到最优点。最后，鉴于Fischer等提出的动量无法加速和Tieleman提出的密度问题，修改了隐单元偏置的参数更新方式，使其在相同的时间内得到较好的分类效果且消除权重的密度问题。本章改进的ACD算法通过在MNIST手写体数据库，Extended Yale B和CMU-PIE人脸数据库3个公共数据库上的图像识别实验结果表明，提出的算法能够有效地提高计算效率和网络泛化能力。

5.2 RBM梯度近似方法

深度学习已被公认为是最接近人脑学习的一种人工智能方法，它通过建立、模拟人脑的分层结构来实现对外部输入数据进行从低级到高级的特征提取，从而能够解释外部数据。深度学习技术已在图像处理、人脑科学、车辆识别、目标识别等领域展现出了巨大的优势。

受限Boltzmann机是深度学习模型之一。多个RBM堆叠构成的DBN通过一层RBM预训练学习到的特征作为输入传递给另一层RBM，最后微调整个网络以使RBM更精确地表示原始数据的分布。深度神经网络虽然在处理模式识别问题中取得较好的表现，然而其模型的泛化能力往往会因其学习时间长而受到限制。

为提高RBM模型的表示能力，一些RBM梯度近似计算方法不断涌现，比如变分推断法、扩展的变分推断法、CD算法、PCD算法、FPCD算法、ACD算法。尽管CD算法是RBM模型的标准算法，但研究表明，CD算法对目标梯度的估计是有偏估计，并不是最好的梯度近似算法，且每次迭代时都需重新启动Gibbs采样链，降低了CD算法的训练性能。Ma等证明了ACD算法是似然函数梯度较好的一个近似估计方法。式（2-20）似然函数梯度中的两个期望通常可采用采样策略。采样策略基于Markov链Monte Carlo方法。采样过程可以看作一个Markov链的状态转移过程，简单来说，当Markov链趋于稳定时，采样得到的样本就可以代表该分布下的期望值。基于这种思想，持续Markov链方法被引入到RBM训练中，并用于近似计算似然函数的梯度。采样方法通常有Gibbs采样、TT算法、PT采样、退火重要性采样。这些采样方法的主要区别在于从RBM模型中采样的方式不同。

尽管RBM是一个表示能力较强的网络模型，对RBM算法进行改进或优化，一方面是为提高网络计算效率，如Lopes等和Zhang等提出将RBM分别在多个处理器和Hadoop平台运行，时间有较大提高，但分类效果不理想；另一方面是为提高网络泛化能力且加速网络收敛，例如在算法中引入动量项，常见的有经典动量算法和Nesterov动量算法两类，这类动量算法有的与权衰减因子相结合取得了较好的识别结果，但网络学习时间太长。Mayraz等用了很小的权衰减因子动量算法花了24小时。这类动量算法要么仅用于RBM预训练阶段，要么仅用于整个网络的微调阶段，没有在RBM的预训练和微调阶段同时使用动量算法的。因此，受Ma等提出的ACD算法和第4章的算法4.2的思路影响，本章提出基于权衰减动量RBM的平均对比散度算法。

5.3 改进的ACD算法

我们提出的基于权衰减动量的改进ACD算法取得了较好的实验效果。该算法主要有3个优点：①我们从RBM网络分布中用Gibbs采样方法采样得到的批样本的平均来近似式（2-20）似然函数梯度的第二项。因为Ma等已经从理论上充分证明了ACD算法比传统的CD算法更接近似然函数关于参数的梯度。②在RBM训练和微调阶段分别用不同形式的动量项和不同的衰减因子来加速网络收敛和提高识别效果。③修改了隐单元偏置的更新方式来取得更好的识别效果和消除权重密度问题。

5.3.1 平均对比散度算法

首先，我们提出的算法用的是Gibbs采样技术。Ma等和Fischer等已经证明CD算法是似然函数梯度的一个有偏估计，似然函数梯度没有达到最大。CD算法弱化了Markov链的收敛条件，其思想是在Markov链的基础上，对梯度作进一步的近似，在似然函数的梯度方向上，CD算法的偏差很小。实践证明$k = 1$就能取得比较好的效果，用Gibbs采样得到的符合RBM网络所表示分布的样本就可用来近似RBM梯度了。由于采样时的多个Markov链混合的困难一直存在，而当目标分布不是很复杂的时候，Gibbs采样通过单个Markov链就能很好地近似目标分布。因此，本章还是采用Gibbs采样来训练RBM模型，采样技术与Ma等的AIS采样不同。

其次，我们将通过每批样本数据经过RBM网络达到稳态分布时的采样到服从RBM分布的新的批样本的平均来近似似然函数梯度的第二项。Bengio等得出这样的结论是多个随机变量的平均取值是随机变量数学期望很好的一种近似。Ma等已经证明了ACD算法比CD算法更接近似然函数梯度。为了获得梯度的无偏估计，对式（2-20）第一项有关数据的期望采用直接计算，第二项有关模型的期望采用Gibbs采样到的新的批样本的平均来近似计算，我们称之为平均对比散度算法。

这k步ACD算法的Gibbs抽样过程和k步CD算法的Gibbs抽样过程类似，具体过程是：将一个训练样本$\boldsymbol{v}^t$初始化后付给可视节点作为RBM系统的随机初始状态$\boldsymbol{v}^{(0)}$，然后通过$\boldsymbol{v}^{(0)}$采样隐层节点$\boldsymbol{h}$的状态为$\boldsymbol{h}^{(0)}$，得到隐层节点的初始状态$\boldsymbol{h}^{(0)}$后，再返回来采样可视节点的第二次状态$\boldsymbol{v}^{(1)}$，$\boldsymbol{v}^{(1)}$可看作对$\boldsymbol{v}^{(0)}$的第一次重构，$\boldsymbol{v}^{(k)}$可看作k步Gibbs采样后RBM中采样到的新样本，也可看作对$\boldsymbol{v}^{(0)}$的第k次重构。每批样本有T个，则经过k步Gibbs采样后RBM中采样到的新的批样本为$\boldsymbol{v}^{(k,1)}$，$\boldsymbol{v}^{(k,2)}$，$\cdots\boldsymbol{v}^{(k,T)}$，我们用$T$个新采样到的批样本的平均来近似式（2-20）的第二项期望。此处的“平均”与Ma等的“平均”不相同，我们称之为改进的ACD算法。

从而，当给定一个训练样本时，引入学习率$\boldsymbol{\eta}$，RBM中各参数更新为：

$$\Delta w_{ij} = \Delta w_{ij} + \eta\left(v_i^{(0)} \times p(h_j = 1|\boldsymbol{v}^{(0)}) - \frac{1}{T}\sum_{r=1}^{T} v_i^{(k,r)} \times p(h_j = 1|\boldsymbol{v}^{(k,r)})\right) \tag{5-1}$$

$$\Delta a_i = \Delta a_i + \eta\left(v_i^{(0)} - \frac{1}{T}\sum_{r=1}^{T} v_i^{(k,r)}\right) \tag{5-2}$$

$$\Delta b_j = \Delta b_j + \eta\left(p(h_j = 1|\boldsymbol{v}^{(0)}) - \frac{1}{T}\sum_{r=1}^{T} p(h_j = 1|\boldsymbol{v}^{(k,r)})\right) \tag{5-3}$$

5.3.2 改进的权衰减动量算法

在神经网络中，动量通常是用来加速和提高BP算法的。动量项使得当前参数值修改的方向不完全由当前样本下的似然函数梯度方向决定，而是采用上一次参数值修改方向与本次梯度方向的组合。这种组合常见的有两种：一种是采取上一次参数值修改方向与本次梯度方向相减的经典动量算法，另一种是在经典动量项中添加一个校正因子的Nesterov动量算法。

然而，这两类动量算法要么只与SGD结合，要么仅与SGA相结合，没有在RBM训练和微调阶段同时与SGA和SGD相结合共同作用的，因此，加速效果有限。Zareba等对两种动量算法做了比较，发现Nesterov动量和经典动量具有一样的加速效果，在MNIST手写体识别实验中RBM取得了2.04%的错误率。有研究表明，随着网络权值的增大，加速效果会减弱。有些学者提出权衰减的动量方法，例如Mayraz等用权衰减的经典动量算法在MNIST手写体识别实验上取得了1.7%的错误率；Swersky等结合Polyak平均和经典动量方法带一个很小的衰减因子，用PCD算法在MNIST数据库上取得了1.1%的错误率；李飞等提出改进的网络权衰减的动量算法，此方法可以有效地解决权值过大导致网络加速减弱的问题，但仍然是以增大网络的权值为代价，其网络泛化能力降低。因此，本章将采用第4章4.3节的动量方法结合不同的衰减因子。

有时候权衰减因子与动量相结合，在梯度算法中会起到比较重要的作用。权衰减因子通常是在正常的梯度中添加的额外项，它的作用是惩罚较大的权重。在RBM模型中添加权衰减因子有3个原因：①防止网络过拟合，提高网络泛化能力；②使得隐单元较光滑和稀疏；③提高Markov链的混合率。权重较小时，Markov链混合较快。图5-1呈现的是有和没有权衰减因子的经典动量方法在CMU-PIE人脸数据库上的识别结果。从图5-1可以看出，带有权衰减因子的动量效果更好。

根据图5-1的分析结果，本章提出在RBM预训练阶段和微调阶段同时引入不同衰减因子结合改进动量方法来加速网络收敛和提高识别效果。因此，在RBM训练过程中采取的参数更新方式是：

$$\theta_t = \theta_{t-1} + m^* \Delta\theta_{t-1} + \eta \left[\frac{\partial L(\theta)}{\partial \theta_i} \right] - \lambda_1 \theta_{t-1} \tag{5-4}$$

其中，λ_1为RBM训练过程中采取的权衰减因子，结合梯度上升算法特点，在RBM预训练阶段，采用快速上升的动量加速形式。当许多连续的梯度指向相同的方向时，步长最大，在梯度方向上不停地加速，可快速达到最优点。

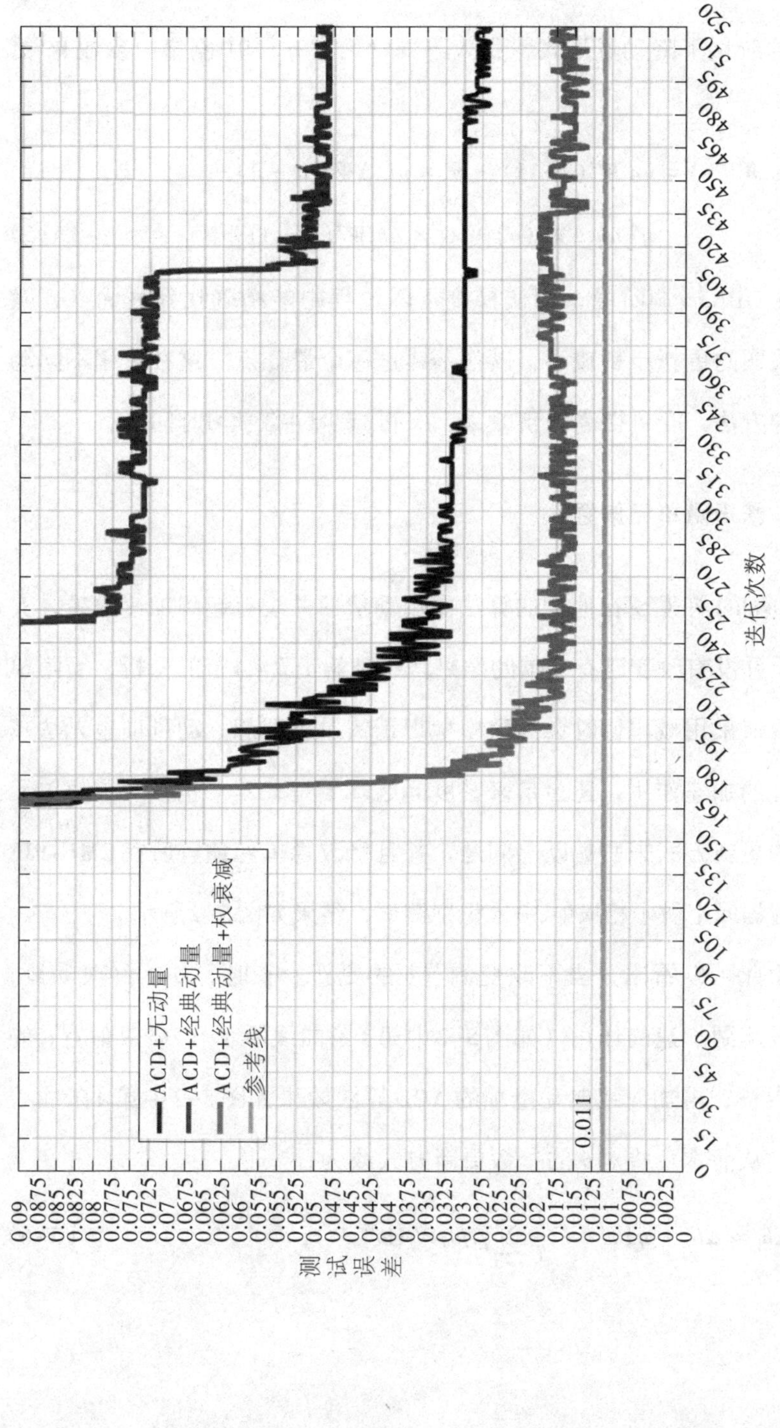

图5-1 有与没有权衰减经典动量在CMU-PIE人脸数据库上的30人识别结果

在RBM微调阶段，依据梯度下降算法特点，再引入另一衰减因子λ_2的缓慢下降动量形式，引入不同学习率η'，BP网络中参数$\boldsymbol{W}'$更新为：

$$nn.\boldsymbol{W}'(n) = nn.\boldsymbol{W}'(n-1) - m' \times nn.\Delta\boldsymbol{W}'(n-1) - \eta'\left[nn.\Delta\boldsymbol{W}'(n) + \lambda_2 \times nn.\boldsymbol{W}'(n-1)\right] \tag{5-5}$$

在DBN微调阶段，为使梯度下降过程中能精确找到最优点，微调时采取的更新步长较小，以便不错过每个最低点。这种采用不同动量项的方法，既可提高识别效果，又可减少网络学习时间。

5.3.3 修正隐单元偏置

Fischer等发现在他们的算法中用动量项并没有起到加速效果，实验结果并没有改变已有文献的结果。经过第4章4.4节的分析，当隐单元的取值采用概率值时会导致模型识别效果不理想，动量项也无法起到很好的加速作用，还会带来密度问题。于是，本章也修改了隐单元偏置的更新方式来避免以上问题，并且修改隐单元偏置后在CMU-PIE人脸数据库上做了相应的30人识别测试，结果如图5-2所示。

由此可以看出，当不改变偏置b_j的更新步长时，加入经典动量，反而没起到加速的作用（如图5-2中第1条曲线所示）。修改偏置b_j的更新步长，再加入经典动量项的ACD算法效果如图5-2中第4条曲线所示。从而本章将对b_j的参数更新方式改为：

$$\Delta b_j = \Delta b_j + \eta\left[h_j^{(0)} - \frac{1}{T}\sum_{r=1}^{T} p(h_j = 1|\mathbf{v}^{(k,r)})\right] \tag{5-6}$$

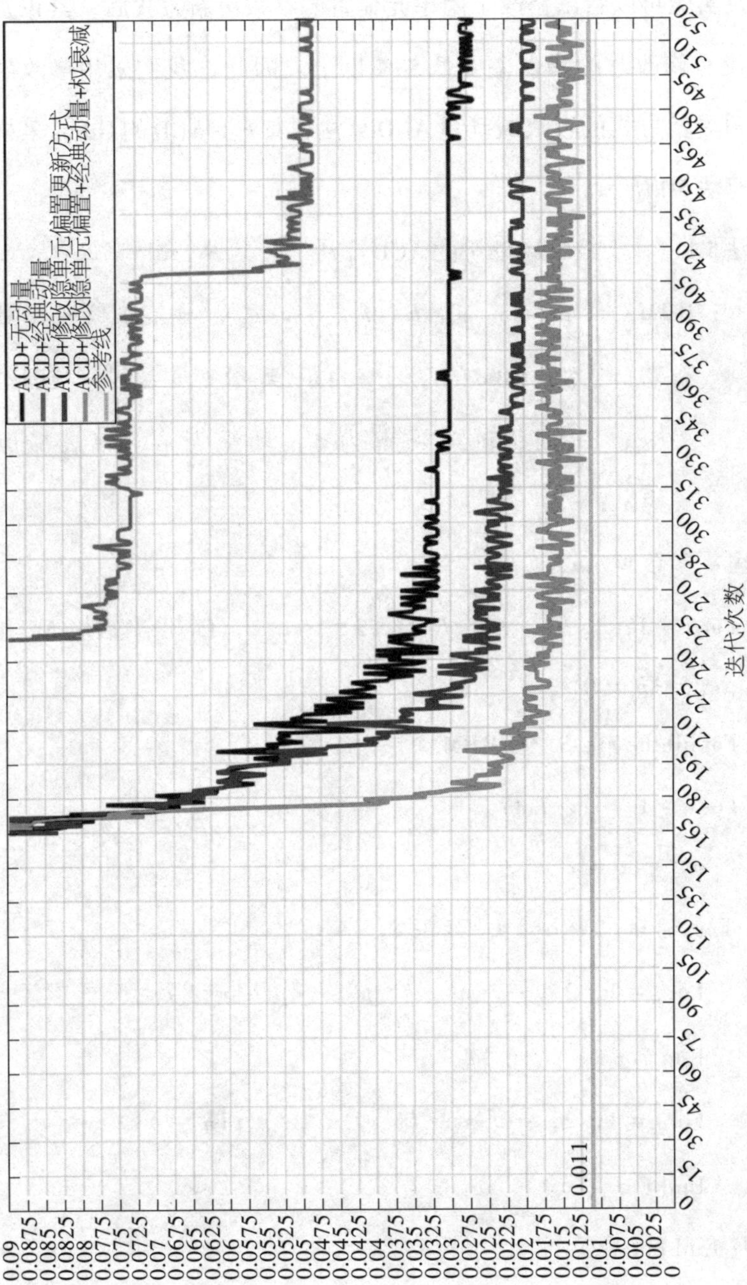

图5-2 有与没有修改隐单元偏置的经典动量在CMU-PIE人脸数据上的30人识别结果

通过实验可以看出修改了隐单元偏置的参数更新方式后，其识别效果比没有修改时的错误率要低50%以上。因此，我们采用修改隐单元偏置更新方式的权衰减动量ACD算法，其k步ACD的Gibbs采样算法如算法5.1所示。

算法5.1 基于权衰减动量的ACD算法

输入：RBM ($\boldsymbol{v}_1$, $\boldsymbol{v}_2$, …, $\boldsymbol{v}_n$, $\boldsymbol{h}_1$, $\boldsymbol{h}_2$, …, $\boldsymbol{h}_m$)，分批训练，每批有T个样本，RBM的学习率为$\boldsymbol{\eta}$，动量为m^*，权衰减因子为$\boldsymbol{\lambda}_1$；BP网络的学习率为$\boldsymbol{\eta}'$，动量为m'，权衰减因子为$\boldsymbol{\lambda}_2$；

输出：参数$\boldsymbol{W}$，$\boldsymbol{a}$，$\boldsymbol{b}$

1）For $i=1$，2，…，n； $j=1$，2，…，m，随机初始化$\Delta w_{ij}=\Delta a_i=\Delta b_j=0$

2）For all the $\boldsymbol{v}\in S$，在RBM中执行

3）For $r=1$，…，T do

4）　$\boldsymbol{v}^{(0)}\leftarrow \boldsymbol{v}=\boldsymbol{x}$

5）For $t=0$，1，…，$k-1$ do

6）　For $j=1$，2，…，m 采样 $h_j^{(t,r)}\sim p(h_j|\boldsymbol{v}^{(t,r)})$

7）　End For

8）　For $i=1$，2，…，n 采样 $v_i^{(t+1,r)}\sim p(v_i|\boldsymbol{h}^{(t,r)})$

9）　End For

10）End For

11） For $i=1, 2, \cdots, n$； $j=1, 2, \cdots, m$ do

12） 参数更新：

13） $\Delta w_{ij} \leftarrow m^{*} \cdot \Delta w_{ij} + \eta [v_i^{(0)} p(h_j=1|\boldsymbol{v}^{(0)}) - \frac{1}{T}\sum_{r=1}^{T} v_i^{(k,r)} \times p(h_j=1|\boldsymbol{v}^{(k,r)})]$

14） $\Delta a_i \leftarrow m^{*} \cdot \Delta a_i + \eta [v_i^{(0)} - \frac{1}{T}\sum_{r=1}^{T} v_i^{(k,r)}]$

15） $\Delta b_j \leftarrow m^{*} \cdot \Delta b_j + \eta [h_j^{(0)} - \frac{1}{T}\sum_{r=1}^{T} p(h_j=1|\boldsymbol{v}^{(k,r)})]$

16） **End For**

17） For $iter = 1, 2, \cdots, J$，在每个RBM中执行：

18） $\boldsymbol{W} \leftarrow \boldsymbol{W} + m^{*} \cdot \Delta \boldsymbol{W} + \eta [\frac{1}{T} \Delta \boldsymbol{W}] - \lambda_1 \boldsymbol{W}$

19） $\boldsymbol{a} \leftarrow \boldsymbol{a} + m^{*} \cdot \Delta \boldsymbol{a} + \eta [\frac{1}{T} \Delta \boldsymbol{a}]$

20） $\boldsymbol{b} \leftarrow \boldsymbol{b} + m^{*} \cdot \Delta \boldsymbol{b} + \eta [\frac{1}{T} \Delta \boldsymbol{b}]$

21） **End For**

22） For $iter = 1, 2, \cdots, J'$，在整个BP网络中执行：

23） $\boldsymbol{W}' \leftarrow \boldsymbol{W}' - m' \cdot \Delta \boldsymbol{W}' - \eta' [\frac{1}{T} \Delta \boldsymbol{W}' + \lambda_2 \boldsymbol{W}']$

24） **End For**

5.4 图像识别的应用

我们用提出来的ACD算法在MNIST手写体数据库、Extended

Yale B和CMU-PIE人脸数据库等3个公共数据库上做算法的应用与验证。图像识别中运用Gibbs采样和改进的ACD算法，训练时结合权衰减的快速上升的动量算法来优化网络，同时梯度下降过程中结合权衰减的缓慢下降动量算法来微调整个网络参数，以加速网络收敛和增加特征的鲁棒性，提高网络泛化能力。MNIST手写体识别中，分别构建一个RBM模型和两个隐层的DBN模型，用来说明本章ACD算法能提高网络识别效果和减少网络学习时间。Extended Yale B和CMU-PIE两个数据库的人脸识别应用，体现了提出的改进ACD算法能有效地增强DBN模型的图像特征表示能力，增强网络泛化能力和鲁棒性，分类效果更佳。

整个实验是在MATLAB R2014a和Microsoft Windows 8操作系统下，CPU是Intel（R）core （TM）i7-4770 HQ CPU @2.2GHz，内存是16 GB的环境下实现的。

5.4.1 MNIST数据库手写体识别

本节采用MNIST手写体数据库上的图片做分类，MNIST数据库包含70 000张0~9的10个手写数字图像，随机选取60 000张图像用于训练，10 000张用于测试，分批进行实验，每批100张图片。各参数在每批训练完后开始更新，识别精度或识别错误率是在测试集上计算的。

先构建一个RBM结构：784-400-10，用本章ACD算法，经过10次预训练和30次微调就可达到1.72%的识别错误率；继续48次微调可达到1.61%的识别错误率；在12分钟内，经过10次预训练和81次微调，最低的识别错误率可达1.47%。当建立784-900-10的网络结构时，其他参数的设置与400个隐单元时一样，不同迭代次数得到不同识别错误率，经过11.8分钟，可达到1.76%的识别错误率。其他方法的RBM模型结果见表5-1。以下各表中的耗时指的是训练和测试一起的时间。

表5-1　不同RBM模型在MNIST数据库上的实验情况

不同RBM模型	网络结构	识别错误率（%）	耗时（m）
Zhang等MapReduce RBM	784-400-10	3.58	5.07
本章算法5.1 RBM	784-400-10	1.72	5
Zhang等MapReduce RBM	784-900-10	2.9	7.45
本章算法5.1 RBM	784-900-10	2.09	7.2
本章算法5.1 RBM	784-400-10	1.61	6.5
Zhang等MapReduce RBM	784-900-10	2.89	12.27
本章算法5.1 RBM	784-900-10	1.76	11.8
Zareba等动量RBM	784-400-10	2.04	—
第3章算法3.1 RBM	784-400-10	1.7	10
本章算法5.1 RBM	784-400-10	1.47	10.5

从表5-1的结果可以看出，本章提出的ACD算法对于RBM模型的学习时间和分类效果都优于其他同类RBM算法。比Zhang等的MapReduce RBM算法、第3章改进的专家乘积RBM算法、Zareba等的经典动量算法和Nesterov动量算法的分类效果都明显提高，识别错误率最少降低了14%。不同RBM算法在MNIST数据库上的测试误差

情况如图5-3所示，可以看出本章提出的ACD算法最优。且RBM中的动量项m^*、衰减因子λ_1、不同学习率η与测试误差情况之间的关系变化如图5-4所示。

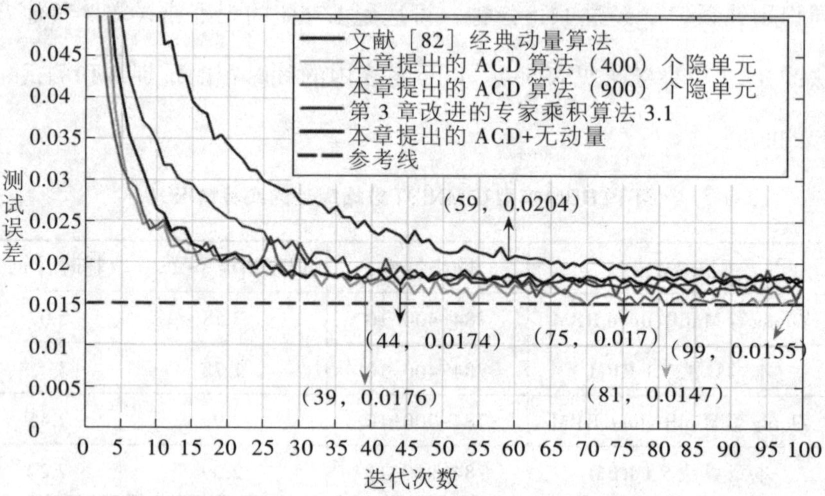

图5-3 不同RBM算法在MNIST测试数据库上的测试误差变化情况

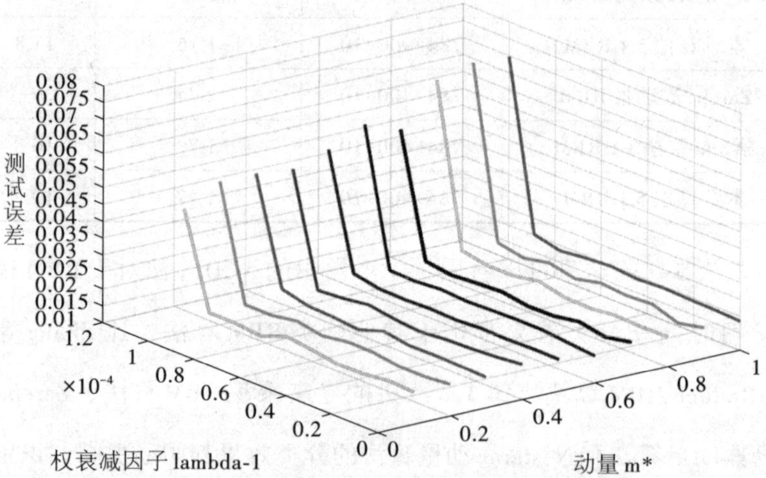

(a) 学习率为0.00001

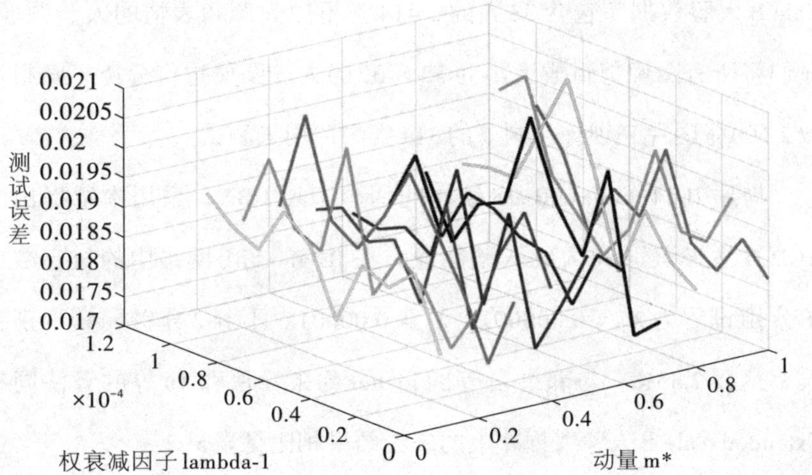

（b）学习率为0.000001

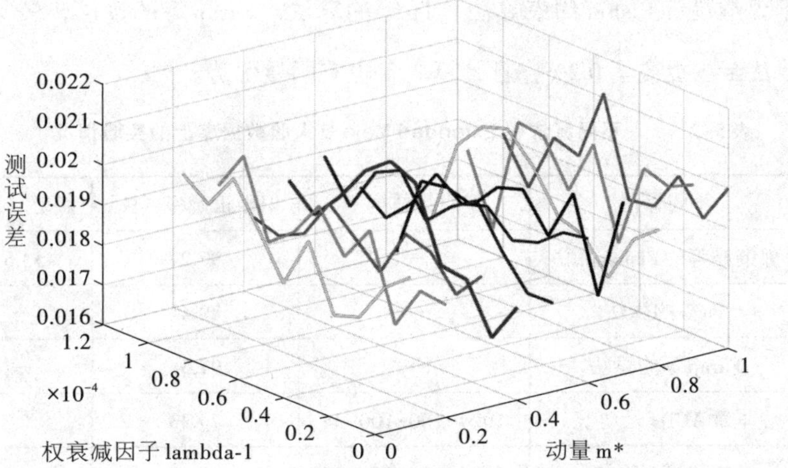

（c）学习率为0.0000001

图5-4　RBM在不同衰减因子、动量、学习率下在MNIST数据库上的测试情况

5.4.2　Extended Yale B数据库人脸识别

本小节用Extended Yale B人脸数据库进行人脸识别，Extended

Yale B人脸数据库包含38人的2 414张不同光照和表情的人脸图像。我们将所有图像剪辑成大小为32 × 32的人脸图像进行分类，随机选取2 100张图片来训练，剩下的314张图片用来测试。

构建1024-600-600-38结构的两个隐层DBN，采用本章提出的ACD算法来识别38人的人脸图像，在RBM和BP网络中的权衰减因子分别设置为$\lambda_1 = 0.000001$，$\lambda_2 = 0.00001$。不到2分钟，其识别错误率达到2.33%。与郭继昌等的Fisher约束算法和Tu等的算法同在Extended Yale B人脸数据库上的实验结果相比见表5-2。

由表5-2和图5-5可以看出本章ACD算法识别正确率97.67%优于郭继昌等Fisher约束算法、Tu等的算法、Faraji等的算法，较其他算法至少提高了0.2%，且计算效率也有明显优势。

表5-2　　不同算法在Extended Yale B人脸数据库上的实验情况

不同算法	网络结构	识别正确率（%）	耗时（m）
郭继昌等的Fisher算法	—	97.27	53.6
Tu等的算法	—	89.4	—
Faraji等的算法	—	97.5	—
本章ACD+无动量	1024-100-100-38	79.33	1.6
本章ACD算法	1024-100-100-38	97.67	1.9

5.4.3　CMU-PIE数据库人脸识别

再将本章算法在CMU-PIE人脸数据库上继续做人脸图像识别，CMU-PIE人脸数据库包含68位志愿者的41 368张多姿态、不同光照

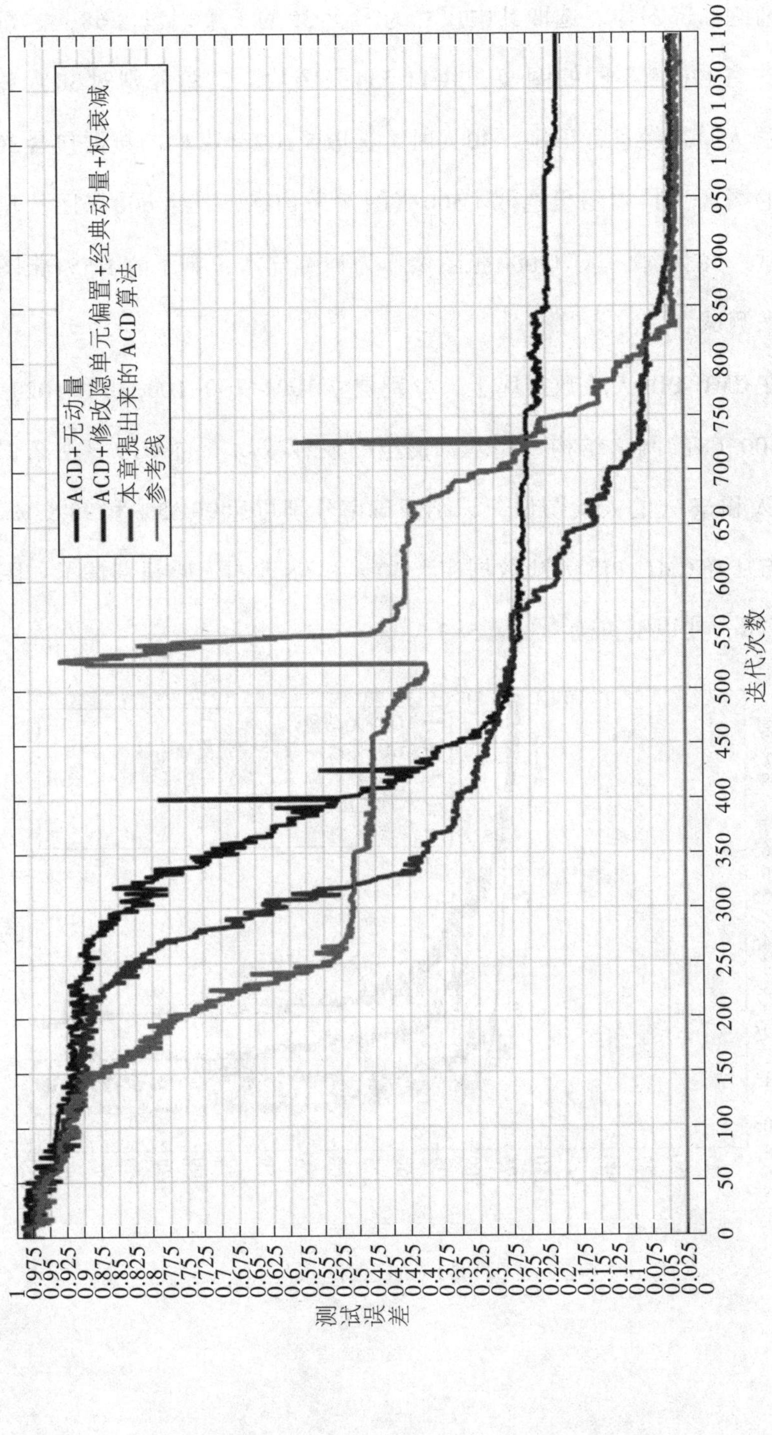

图 5-5 不同算法在 Extended Yale B 人脸数据库上的识别情况

和表情的面部图像。选取其中尺寸为32 × 32的子集，包含68人，每个人约有170张不同的图像，共11 554张图片。实验分别对30人和68人的人脸图像进行识别，30人时，选取5 100个带标的数据包含30个人的图像，其中随机选取4 500张图像来训练，其余600张图片用来测试；68人时，选10 000张图像作为训练样本，剩下的1 554张图片用来测试。

在CMU-PIE人脸数据库上，分别建立1024-100-100-30和1024-100-100-68的网络结构，用本章提出的权衰减动量的ACD算法来识别30人和68人的人脸图像，识别正确率分别可达99.33%和98.87%，不同方法在CMU-PIE人脸数据库上30人和68人的人脸识别情况如图5-6所示，其识别正确率见表5-3。

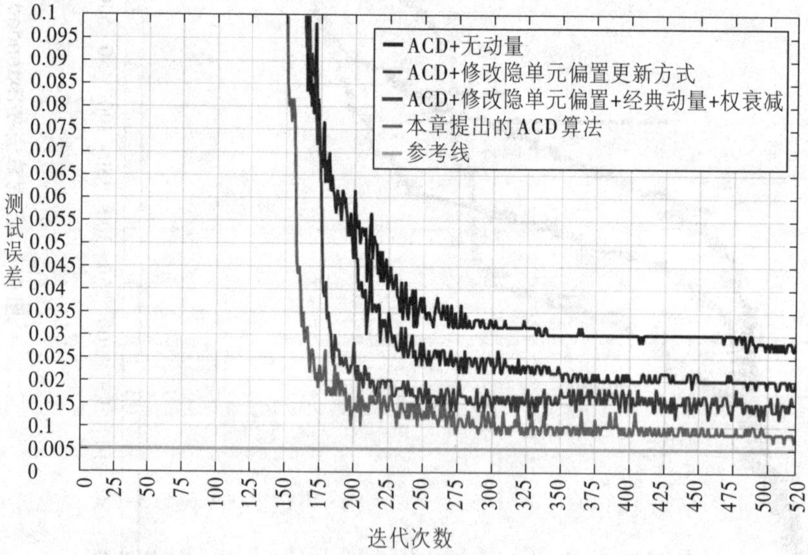

（a）30人的识别

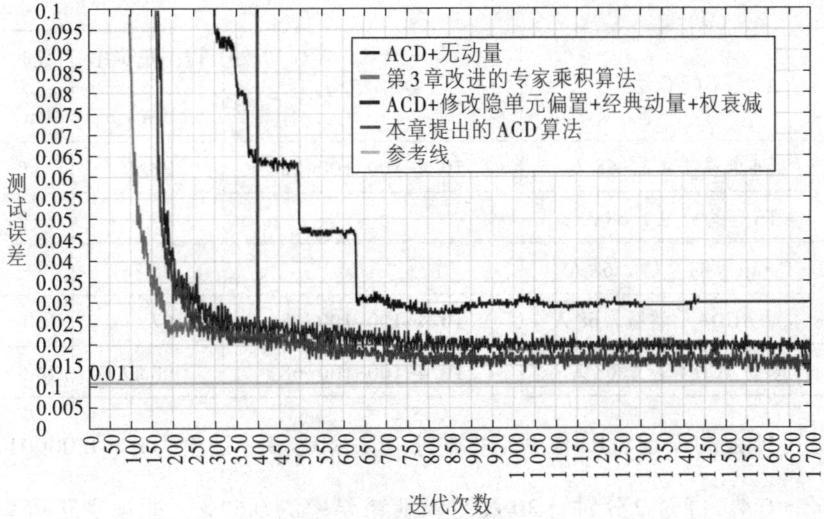

（b）68人的识别

图5-6 不同算法在CMU-PIE人脸数据库上的识别情况

表5-3 不同算法在CMU-PIE人脸数据库上的实验情况

不同算法	网络结构	识别正确率（%）	耗时（m）
付晓等的算法，30人	1024-500-500-30	98.83	17.7
第3章算法3.1，30人	1024-600-600-30	98.83	9.0
第4章算法4.1，30人	1024-500-500-30	99.17	6.0
本章ACD+无动量，30人	1024-100-100-30	97.33	2.1
本章ACD+修改偏置，30人	1024-100-100-30	98.17	2.1
本章ACD算法，30人	1024-100-100-30	99.33	2.0
李倩玉等的算法，68人	1024-CNN-SAE-SAE-68	96.17	—
第3章算法3.1，68人	1024-100-100-68	98.13	6.25
第4章算法4.1，68人	1024-100-100-68	98.47	6.0

续表

不同算法	网络结构	识别正确率（%）	耗时（m）
第4章算法4.2，68人	1024-100-100-68	98.67	6.0
Tu等的算法，68人	—	87.7	—
Faraji等的算法，68人	—	98.86	—
本章ACD+无动量，68人	1024-100-100-68	97	15
本章ACD算法，68人	1024-100-100-68	98.87	14.5

30人的识别，RBM网络中的学习率和动量分别设为$\eta = 0.00001$，$m^{*} = 0.4$。经过2分钟，30人的识别错误率为0.67%，即识别正确率为99.33%。因30人的人脸数据量少且类别也少，30人的人脸识别正确率达99.33%，比68人的人脸识别正确率98.87%稍好。与付晓等提出的算法相比，本章ACD算法对30人的识别正确率提高了0.5%，且时间上缩短了89%。68人的识别正确率为98.87%，略超过Faraji等提出的算法的最好识别正确率98.86%。本章ACD算法对68人的识别正确率，与李倩玉等的算法、Tu等的算法相比，分别提高了2.7%和11.17%。加入权衰减后，本章ACD算法在时间上没有表现出明显的优势。从图5-7中可以看出本章提出的ACD算法在修改隐单元偏置的更新方式并加入不同权衰减因子后，再结合改进的动量算法才有较好的加速效果和识别效果。

我们将随机的Extended Yale B和CMU-PIE人脸数据库中100张人脸图片可视化，如图5-7所示。发现在Extended Yale B人脸数据库上，其原始图像的光照不敏感度和深阴影比CMU-PIE人脸数据库上更为严重，并且在Extended Yale B人脸数据库上有些人脸图像因黑暗模糊而无法识别。因此，在Extended Yale B人脸数据库上的人脸识别比CMU-PIE人脸数据库上的人脸识别更加困难，其识别结果要差一些。

（a）Extended Yale B人脸数据库

（b）CMU-PIE人脸数据库

图5-7 可视化原数据库中随机的100张人脸图片

综合以上3组图像识别结果，本章提出的基于权衰减动量的ACD算法在图像识别中有效。尤其在人脸图像识别中，反映了本章算法对多姿态、不同光照和表情变化，甚至是深阴影和高亮光的图像依然有不错的分类表现和特征表示能力，其网络泛化能力和鲁棒性较好。

5.5 本章小结

本章提出了一种有效的改进ACD算法。对式（2-20）梯度，采用第一项直接计算，第二项用Gibbs采样到服从RBM网络分布的新的批样本的平均来近似计算，其似然函数梯度的近似效果较好，是一种新的梯度近似算法，再结合之前第4章4.4节提出的修正动量算法，加入不同的权衰减因子后，其网络泛化能力提高效果较明显。本章算法通过在MNIST手写体数据库、Extended Yale B和CMU-PIE人脸数据库上的图像识别实验结果表明，提出的算法能够有效地提高网络泛化能力和计算效率。

6

基于梯度改进的LogsumRBM方法

6.1 引言

正则化方法使RBM通过学习得到输入信号的稀疏表示，从而找到输入信号的主要驱动变量。特征学习的质量直接影响其模型性能，尤其是稀疏化的特征表示能够降低数据冗余，提高系统鲁棒性。基于之前的四个研究工作基础，改进的动量算法与相应的RBM梯度近似方法相结合的确在RBM网络计算效率和识别效果上有提高。动量方法通过引入惯性项，使得模型在更新参数时能够保留前一次的更新信息，从而加快收敛速度。正则化方法则通过惩罚模型的权重，使得模型在训练过程中倾向于学习更简单的、泛化能力更强的特征，从而降低过拟合的风险。但从动量算法交叉融合RBM模型正则化方法的角度来提高神经网络计算效率和模型性能的研究不多，这是一个全新的视角。

由此，我们借鉴Ji等提出的方法和Candes等的结论（Logsum函数是l_0范数的最优凸近似函数），能够很好地代替l_0范数并且取得相当好的稀疏结果。为提高RBM网络泛化能力和鲁棒性，减少网络学习时间，本章提出基于梯度改进和动量结合的RBM正则化方法。借鉴第4章工作基础的结论和Ji等的Logsum函数的良好稀疏效果，我们致力于通过添加Logsum函数将RBM稀疏和不同形式的动量项，以提高RBM网络的表示能力和加速收敛，从而提高整个网络的泛化能力，主要做了以下工作：首先，采用第4章的第二种改进的RBM梯度近似方法。采取直接计算梯度式（2–20）的第一项期望，这与Ji等的梯度近似方式不一样，Ji等采用Monte Carlo思想采样样本来近似计算式（2–20）的第一项期望。其次，在RBM目标函数里加入稀疏效果较好的Logsum函数正则项来提高RBM的表示能力。最后，为加速网络收敛，在RBM训练阶段，采用快速上升的动量加速形式，当许多连续的梯度指向相同的方向时，步长最大，在梯度方向上不停地加速，可快速达到最优点；同时微调整个网络阶段，再引入缓慢下降的动量形式，微调时采取的更新步长较小，目的是使梯度下降过程中不错过每个最低点。为了在相同的时间内达到更好的识别效果，修改了隐单元偏置的更新方式。同样，在MNIST手写体、Extended Yale B和CMU-PIE人脸数据库上的图像识别结果表明，提出的梯度算法融合Logsum正则化以及动量方法能够有效提高网络泛化能力和计算效率。该算法不仅对RBM的应用领域扩展具有十分积极的实际意义，而且为深度学习的应用方法提供了一种新的研究思路和借鉴。

6.2 RBM优化方法

深度信念网络是深度学习中的无监督学习模型之一，它是由多个受限Boltzmann机堆叠进行逐层学习而成的。受限Boltzmann机网络训练的好坏直接影响整个DBN网络的泛化性能，因此一些专家学者致力于改进RBM似然函数梯度算法或者改进RBM目标函数，以提高RBM网络的表示能力。

为提高RBM模型的特征表示能力，归纳起来有三类算法上的研究：一类研究是RBM梯度近似算法，比如变分推断法、扩展的变分推断法、CD算法、PCD算法、FPCD算法、ACD算法、第5章提出的权衰减动量的平均对比散度算法（Average Contrastive Divergence with Weight Momentum，ACDWM）。另一类是近似式（2-20）似然函数梯度中的两个期望通常可采用不同的采样策略，比如Gibbs采样、TT算法、PT采样、AIS采样等。最后一类是在RBM目标函数中加入正则项起到对RBM模型稀疏的作用，比如基于误差平方和的稀疏RBM、基于交叉熵稀疏RBM、稀疏组受限Boltzmann机、交叉熵稀疏和稀疏组RBM两种混合机制的稀疏RBM、基于率失真理论的稀疏响应RBM等。这些RBM正则化方法虽然都取得了较好的分类效果，但是在大的训练集和超参数搜索空间大的时候，网络训练的时间非常长。

由此，专家们提出一些改进的算法来减少网络训练时长，提高计算效率。比如，在算法中加入动量项或通过数据并行计算或模型并行来加速。动量方式有经典动量方法和Nesterov动量方法，这些动量方法的确有加速网络收敛的效果，但分类精度有待进一步提高。RBM的多个处理器的方法和MapReduce框架、Hadoop平台进行，时间上有较大提高，但RBM分类效果的提高仍不明显。因此，受第4章4.4节提出的修正动量算法良好分类效果的启示和Ji等的Logsum函数较好稀疏效果的研究启发，本章提出基于梯度改进和动量结合的LogsumRBM方法。

6.3　改进的LogsumRBM方法

我们提出有关RBM改进的Logsum正则化方法在图像识别中取得了较好的识别效果。此算法有三个优点：第一个优点是对式（2-20）似然函数梯度的第一项的期望，我们直接计算，因为直接计算的梯度比近似计算的梯度要更接近似然函数的真实梯度；对式（2-20）的第二项期望，依然采取从RBM网络分布中用Gibbs采样方法采样到的样本来近似计算。第二个优点是为了取得更好的稀疏表示，我们用Logsum函数来正则化RBM模型。因为通过在隐单元激活概率的总数上添加一个对数和范数约束，提供了更有效的稀疏性诱导特性。第三个优点是我们在RBM训练阶段和微调阶段分别用不同形式的修正动量项来加速网络收敛和取得更好的识别效果。

6.3.1　RBM梯度近似

我们采用Gibbs采样技术来近似式（2-20）近似函数的梯度，与Fischer等的PT采样技术不一样。Hinton等的CD算法与Fischer等的CD算法最大区别在于采样技术不一样，另一个是对式（2-20）近似函数梯度的第一项期望计算方式不一样，Hinton等是Gibbs采样近似计算而Fischer等是直接计算。由于PT采样算法需要运行多条温度链，温度链之间要进行频繁地采样交，所以PT算法的运行时间较长且多个Markov链混合的困难一直存在。当目标分布不是很复杂的时候，Gibbs采样通过单个Markov链就能很好地近似目标分布，因此，本章采用Gibbs采样来训练RBM模型。

第4章、第5章的梯度近似方法已被证明能够提高RBM模型的表示能力。我们采用第4章的第二种梯度近似的CD算法，为了获得似然函数梯度的无偏估计，对式（2-20）似然函数梯度的第一项期望采用直接计算，因为直接计算的梯度比近似计算的梯度要更接近似然函数的真实梯度；对式（2-20）的第二项期望用Gibbs采样方法采样到的样本来近似计算。于是我们将采取RBM模型三个参数的更新方式与第4章的式（4-10）、式（4-11）、式（4-12）一样。

6.3.2 Logsum正则化稀疏约束RBM

稀疏性约束可以有效地去除信息的冗余和降低模型的复杂度，且引导隐单元提取更重要的特征来提高模型识别能力。将多个稀疏RBM堆叠起来可以学习到输入信号更本质的特征。特征的稀疏化表示能够降低数据间的相关性，从而抑制模型的过拟合现象，提高系统的鲁棒性。对RBM模型的稀疏性约束，通常做法是在目标函数后加一正则项引导隐单元稀疏，比如Lee等提出基于误差平方和的稀疏RBM；该算法需在训练前设定期望概率p，即将同层所有隐单元赋予相同的平均激活概率，实际应用中，每个隐单元的激活概率可能不同。因此，Hinton等利用交叉熵概念提出基于交叉熵稀疏RBM；之前的稀疏化方法大多数假定特征间是相互独立的，但在实际问题中，特征与特征之间往往具有很强的统计相关性，直接学习所有隐单元之间的统计相关性是不可行的。因此，Luo等将稀疏组方法应用到RBM中，提出稀疏组受限Boltzmann机。可是稀疏组RBM隐单元分组方式不明确且没有分组依据，Guo等通过增加范数调节因子对稀疏组RBM算法进行改进，后来刘凯等结合交叉熵稀疏和稀疏组RBM的各自优点，提出了交叉熵稀疏和稀疏组RBM两种混合机制的稀疏RBM。Ji等（2014）提出对数和范数来代替l_0范数的LogsumRBM，在MNIST手写体识别上DBN取得了1.02%的错误率，Logsum范数与l_1范数相比，对数和范数在0附近有更尖锐的变化幅度，这一特性能更有效地表示稀疏性能，且RBM隐单元的稀疏性不是靠约束得到的，而是通过不同任务自动学习到的。

于是我们在RBM的目标函数后加入Logsum函数L_S来约束其稀疏性，则RBM的目标函数变为：

$$\max_{\theta}\ \{L(\theta)-\lambda L_s\}=\max_{\theta}\left[\frac{1}{T}\sum_{t=1}^{T}\ln p(\boldsymbol{v}^t)-\lambda\sum_{t=1}^{T}\sum_{j=1}^{m}\ln\left(1+\frac{E\left(h_j^t|\boldsymbol{v}^t\right)}{\varepsilon}\right)\right] \tag{6-1}$$

其中λ为正则化参数；$L_S=\sum_{t=1}^{T}\sum_{j=1}^{m}\ln\left(1+\frac{E\left(h_j^t|\boldsymbol{v}^t\right)}{\varepsilon}\right)$为惩罚项；$h_j^t$表示第$t$个样本数据在第$j$个隐单元的状态值；$T$是训练样本的个数；$m$是隐单元的个数；$\varepsilon$是个超参数，它控制着对数和范数与$l_0$之间的相似度，随着参数$\varepsilon$的不同，稀疏程度不一致。已有研究表明，对数和范数能够很好地取得相当好的稀疏效果。由第2章的式（2-31）可知

输入数据的条件期望$E\left(h_j^t|\boldsymbol{v}^t\right)=p\left(h_j^t=1|\boldsymbol{v}^t\right)$。$l_0$范数、$l_1$范数与Logsum范数的比较如图6-1所示。

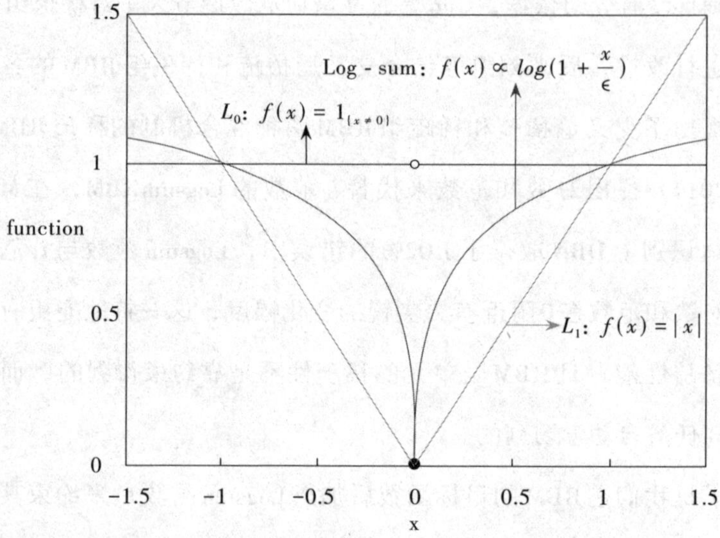

图6-1　l_0范数、l_1范数与Logsum范数的比较

当Logsum范数中的超参数越接近0时，Logsum范数就越接近l_0范数。此外，LogsumRBM不需要事先设定隐单元的平均激活概率，而是根据不同的任务学习相应的稀疏度。

由第4章提出的CD算法式（4-10）、式（4-11）、式（4-12）与惩罚项L_S，以及第2章2.3.4节的分析可知，目标函数对RBM各参数的更新方式为：

$$\Delta w_{ij}=\Delta w_{ij}+\eta\left[v_i^{(0)}\times p(h_j=1|\boldsymbol{v}^{(0)})-v_i^{(k)}\times p(h_j=1|\boldsymbol{v}^{(k)})\right]-\frac{\lambda}{\varepsilon}\sum_{j=1}^{m}\frac{1}{1+\frac{p(h_j=1|\boldsymbol{v}^{(0)})}{\varepsilon}}p(h_j=1|\boldsymbol{v}^{(0)})p(h_j=0|\boldsymbol{v}^{(0)})v_i^{(0)} \quad (6\text{-}2)$$

$$\Delta a_i = \Delta a_i + \eta\left[v_i^{(0)} - v_i^{(k)}\right] \tag{6-3}$$

$$\Delta b_j = \Delta b_j + \eta\left[p(h_j = 1|\boldsymbol{v}^{(0)}) - p(h_j = 1|\boldsymbol{v}^{(k)})\right] - \frac{\lambda}{\varepsilon}\sum_{j=1}^{m}\frac{1}{1 + \frac{p(h_j = 1|\boldsymbol{v}^{(0)})}{\varepsilon}}p(h_j = 1|\boldsymbol{v}^{(0)})p(h_j = 0|\boldsymbol{v}^{(0)}) \tag{6-4}$$

我们提出的Logsum正则化方法与Ji等不一样，主要在于式（6-1）第一项的近似计算不一样。第4章4.6节的实验分析已经表明其梯度近似方法比传统的CD算法要更接近似然函数关于参数的梯度，且Candes等也表明Logsum范数是l_0范数的很好替代，自然会导致稀疏的结果。

LogsumRBM虽然都取得了较好的分类效果，但是在大的训练集和超参数搜索空间大的时候，网络训练的时间非常长。因此，下面考虑在此算法中加入动量项来加速网络收敛和进一步提高网络泛化能力。

6.3.3　修正动量方法

本章的动量算法采用之前工作提出来的RBM修正动量算法，因此我们修改隐单元偏置b_j的更新方式为：

$$\Delta b_j = \Delta b_j + \eta\left[h_j^{(0)} - p(h_j = 1|\boldsymbol{v}^{(k)})\right] - \frac{\lambda}{\varepsilon}\sum_{j=1}^{m}\frac{1}{1 + \frac{p(h_j = 1|\boldsymbol{v}^{(0)})}{\varepsilon}}p(h_j = 1|\boldsymbol{v}^{(0)})p(h_j = 0|\boldsymbol{v}^{(0)}) \tag{6-5}$$

比较了没有修改与修改隐单元偏置前后在CMU-PIE数据库上识

别30人人脸图像的测试结果，如图6-2所示。

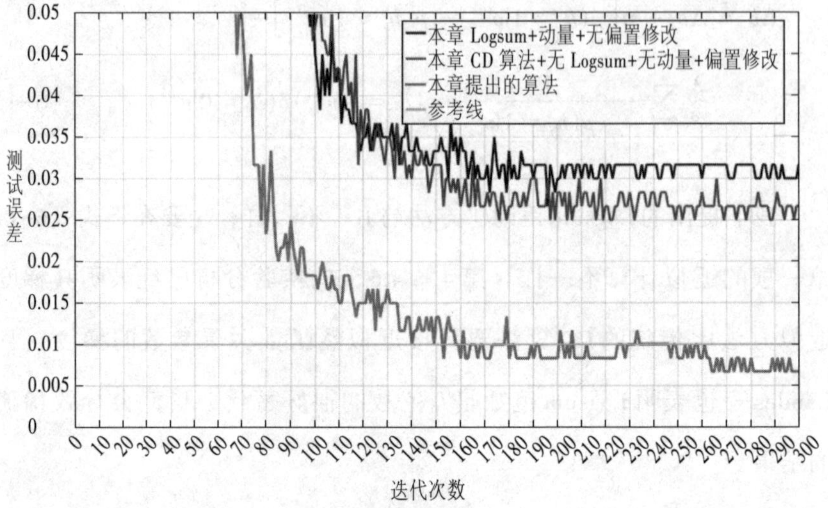

图6-2　有与没有修改隐单元偏置的经典动量在CMU-PIE上30人识别结果

由此可看出，当不改变偏置b_j的更新步长时，加入本章动量，没起到加速的作用（如图6-2中第一条曲线所示），只要修改了隐单元偏置，简单的CD算法就可以让测试误差降下来（如图6-2中第二条曲线所示），修改偏置之后再用本章提出的算法，测试误差能降低60%以上（如图6-2中第三条曲线所示），因此采用修改隐单元偏置之后的基于梯度改进和动量结合的LogsumRBM方法，其RBM模型中的主要算法6.1如下：

算法6.1　基于梯度改进和动量结合的LogsumRBM方法

输入：RBM($\boldsymbol{v}_1$，$\boldsymbol{v}_2$，…，$\boldsymbol{v}_n$，$\boldsymbol{h}_1$，$\boldsymbol{h}_2$，…，$\boldsymbol{h}_m$)，分批训练，每批有T个样本，RBM的学习率为$\boldsymbol{\eta}$，动量为m^*

输出：参数$\boldsymbol{W}$，$\boldsymbol{a}$，$\boldsymbol{b}$

1） For $i=1, 2, \cdots, n$; $j=1, 2, \cdots, m$, 初始化 $\Delta w_{ij}=\Delta a_i=\Delta b_j=0$

2）对所有的样本 $\boldsymbol{v}^t$，$t=1, 2, \cdots, T$

3）$\boldsymbol{v}^{(0)} \leftarrow \boldsymbol{v} = \boldsymbol{x}$

4）对每个样本 $t=0, 1, \cdots, k-1$

5）对 $j=1, 2, \cdots, m$ 采样 $h_j^{(t)} \sim p(h_j | \boldsymbol{v}^{(t)})$

6）End For

7）对 $j=1, 2, \cdots, m$ 采样 $v_i^{(t+1)} \sim p(v_i | \boldsymbol{h}^{(t)})$

8）End For

9）For $i=1, 2, \cdots, n$; $j=1, 2, \cdots, m$

10）$\Delta w_{ij} \leftarrow m^* \cdot \Delta w_{ij} + \boldsymbol{\eta}[v_i^{(0)} p(h_j=1|\boldsymbol{v}^{(0)}) - v_i^{(k)} p(h_j=1|\boldsymbol{v}^{(k)})] -$

$$\frac{\lambda}{\varepsilon}\sum_{j=1}^{m}\frac{1}{1+\frac{p(h_j=1|\boldsymbol{v}^{(0)})}{\varepsilon}}p(h_j=1|\boldsymbol{v}^{(0)})p(h_j=0|\boldsymbol{v}^{(0)})v_i^{(0)}$$

11）$\Delta a_i \leftarrow m^* \cdot \Delta a_i + \boldsymbol{\eta}[v_i^{(0)} - v_i^{(k)}]$

12）$\Delta b_j \leftarrow m^* \cdot \Delta b_j + \boldsymbol{\eta}[h_j^{(0)} - p(h_j=1|\boldsymbol{v}^{(k)})] -$

$$\frac{\lambda}{\varepsilon}\sum_{j=1}^{m}\frac{1}{1+\frac{p(h_j=1|\boldsymbol{v}^{(0)})}{\varepsilon}}p(h_j=1|\boldsymbol{v}^{(0)})p(h_j=0|\boldsymbol{v}^{(0)})$$

13） End For

得到了三个参数 w_{ij}、a_i、b_j 的更新方式后，整个RBM训练的过程可看作对一个深层BP网络参数的初始化，这样克服了BP网络因随机初始化权值参数而易陷入局部最优的缺点。DBN最后接的BP神经网络的输入是最顶层RBM学习到的特征输出，并用BP算法微调整个网络参数，DBN网络由信息的正向传播和误差的反向传播两个过程组成，不断调整网络的权值和偏置参数，使整个网络的误差平方和最小。

6.4 图像识别的应用

本节在MNIST手写体数据库、Extended Yale B和CMU-PIE人脸数据库上分别用本章提出的Logsum正则化方法做图像识别的分类应用。将修正动量算法和Logsum正则化方法融合，以提高RBM网络稀疏化的特征学习性能、特征表示能力。三个图像识别的应用表明，提出的改进Logsum正则化方法能有效增强图像特征的表示能力，提高网络泛化能力和鲁棒性，分类效果更佳。

整个应用实验是在MATLAB R2014a和Microsoft Windows 8操作系统、CPU是Intel（R）core（TM）i7-4770 HQ CPU @2.2GHz、内存是16GB的环境下实现的。

6.4.1 MNIST数据库手写体识别

本次采用MNIST手写体数据集进行图像分类的应用，MNIST数据集包含70 000张0到9的10个手写数字图像，随机选取60 000张图像用于训练，10 000张用来测试，分批进行实验，每批100张图片。

先构建两个不同隐单元的RBM网络结构如下：784-400-10和

784-900-10，用本章提出的Logsum正则化方法在400个隐单元的RBM网络中，不到10分钟网络可达到1.28%的识别错误率；在784-900-10的RBM网络中，12分钟内经过30次训练和40次微调，最低错误率可达1.37%。与其他方法的RBM模型结果见表6-1。以下各表中的耗时指的是训练和测试一起的时间。

表6-1 **不同RBM模型在MNIST数据集上的实验情况**

不同RBM模型	网络结构	识别错误率（%）	耗时（m）
Zhang等MapReduce RBM	784-400-10	3.58	5.07
本章算法RBM	784-400-10	1.58	5
MapReduce RBM	784-900-10	2.92	7.45
本章算法RBM	784-900-10	1.72	7.5
本章算法RBM	784-400-10	1.41	6.5
Zhang等MapReduce RBM	784-900-10	2.89	12.27
本章算法RBM	784-900-10	1.37	12
Zareba等方法RBM	784-400-10	2.04	—
第3章算法3.1 RBM	784-400-10	1.7	10
第4章算法4.1 RBM	784-400-10	1.42	10
第5章算法5.1 RBM	784-400-10	1.47	10.5
第4章算法4.2 RBM	784-400-10	1.33	10
本章Logsum算法RBM	784-400-10	1.28	9.8

不同RBM方法以及之前的4个工作在MNIST数据集上的测试误差情况如图6-3所示。为便于比较，图6-3中不同RBM的参数设置都

是在各网络最优情况下设置的，可以看出本章提出的Logsum正则化方法最优。

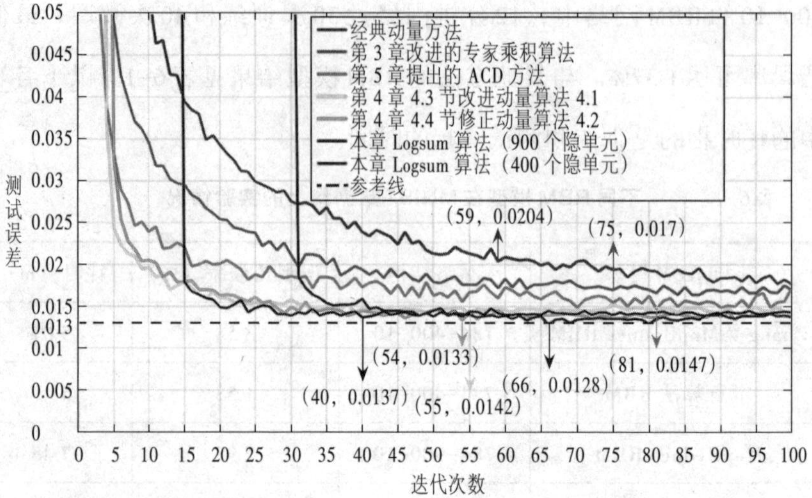

图6-3　不同RBM方法在MNIST测试数据集上的测试误差变化情况

从表6-1的结果可以看出，本章提出Logsum算法的RBM模型明显在分类效果和时间上都优于其他同类RBM算法。与Zhang等MapReduce RBM方法、Zareba等的经典动量方法和Nesterov动量方法以及之前的4个工作结果相比，本章算法的RBM分类效果都有明显提高，说明Logsum正则化方法在RBM稀疏性表示上有较好的分类效果。

本章算法的DBN模型与其他有关DBN方法在MNIST数据集上实验情况的对比结果如表6-2所示。

表6-2的结果显示，本章提出的Logsum算法在MNIST数据库的测试集上取得了0.99%的错误率，与之前的4个工作结果相比，其识别结果最优，也优于Ji等的Logsum方法和第4章改进动量方法的

表6-2 **不同方法的DBN模型在MNIST数据集上的实验结果**

不同DBN算法	网络结构	分类错误率（%）	耗时（h）
Mayraz等POE+动量方法	784-500-500-500-10	1.7	24
Hinton等CD+无动量方法	84-500-500-2000-10	1.25	大于9
Swersky等权衰减动量方法	784-500-500-2000-10	1.1	—
史科等方法	784-1300-1300-1300-1300-10	1.09	—
Ji等LogSum方法	784-500-500-2000-10	1.02	—
第3章提出的方法	784-500-500-10	1.32	1.25
第4章改进动量算法4.1	784-400-1000-10	1.02	1.6
第4章修正动量算法4.2	784-400-400-10	1.03	0.7
第5章ACD方法	784-400-400-10	1.27	1.75
本章Logsum算法DBN	784-400-400-10	0.99	2.3

1.02%，但时间上没有明显优势。从网络结构的隐单元设置层数和个数上来看，本章提出的基于梯度改进和修正动量的Logsum算法比Ji等的Logsum算法计算效率要高，说明梯度改进和修正动量算法在Logsum正则化基础上能明显地增强RBM模型的图像特征表示能力。不同DBN方法在MNIST测试数据集上，其测试误差表现如图6-4所示。为便于比较，图6-4中不同DBN的参数都是在各网络最优情况下设置的，实验结果表明，本章提出基于梯度改进和动量结合的LogsumRBM算法在DBN网络中，识别效果也优于其他同类算法，其网络表现出较强的泛化能力和鲁棒性。

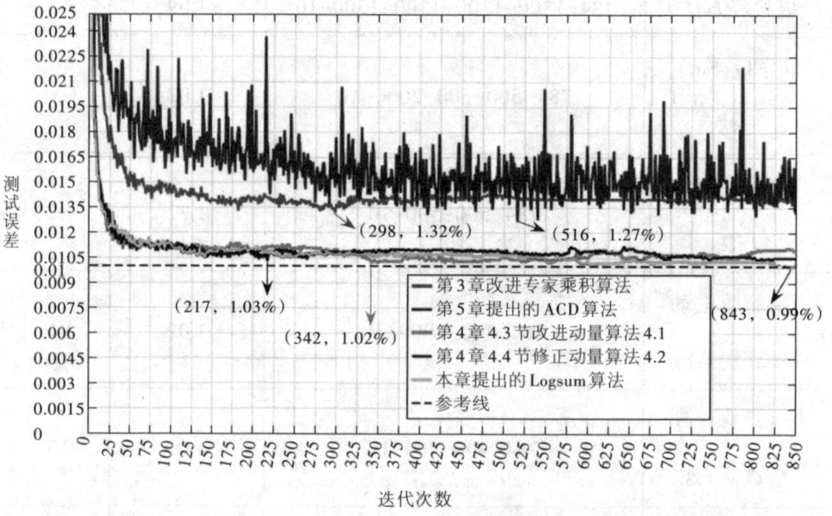

图6-4　不同DBN方法在MNIST测试数据集上的测试误差变化情况

我们提出来的改进Logsum算法有效地提高了RBM网络模型的表示能力，并且其网络表现出较强的泛化能力和鲁棒性，尤其在Ji等的Logsum算法基础上改进梯度和加入修正动量算法后，增强了RBM网络的图像稀疏化特征学习性能，提高了网络分类效果。当网络中只加入动量和修正动量及Logsum正则化时，两个网络在MNIST数据库上学习到的第一层权重如图6-5所示。可以发现，网络中加入修正动量及Logsum正则化时，使得其学习到的特征滤波器质量较高，改善了RBM算法的稀疏化特征学习能力，进而提高了DBN网络的分类精确度。

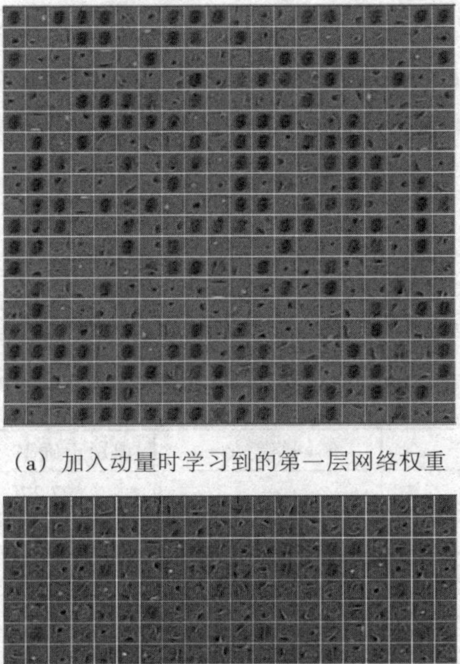

（a）加入动量时学习到的第一层网络权重

（b）加入Logsum和修正动量时学习到的第一层网络权重

图6-5 可视化DBN网络在MNIST数据库上学习到的第一层网络权重

6.4.2 Extended Yale B数据库人脸识别

本小节采用Extended Yale B人脸数据库进行图像识别，其中Extended Yale B数据库包含38个人的2 414张不同光照和表情的人脸图像。我们将所有图像剪辑成大小为32 × 32的人脸图像进行分类，随机选取2 100张图片来训练，剩下的314张图片用来测试。

构建1024-600-600-38的两个隐层DBN网络，采用本章提出的Logsum算法来识别38人的人脸图像，1分钟的时间，其识别错误率达到1.67%。与郭继昌等的Fisher约束方法、Tu等的方法以及之前的工作相比，错误率至少降低了28.3%，在网络学习时间上也表现出了优势。不同方法在Extended Yale B人脸数据库上的实验结果如表6-3所示。

表6-3　**不同方法在Extended Yale B数据集上的实验情况**

不同方法	网络结构	识别正确率（%）	耗时（m）
郭继昌等的Fisher方法	—	97.27	53.6
Tu等方法	—	89.4	—
第4章算法4.2	1024-600-600-38	97.33	6
Faraji等方法	—	97.5	—
第5章ACD方法	1024-100-100-38	97.67	1.9
本章Logsum算法	1024-100-100-38	98.33	1.1

由此看出本章Logsum算法的识别结果98.33%无论是识别效果还是学习时间均优于郭继昌等的Fisher方法、Tu等方法、Faraji等方法以及第4章、第5章工作的结果。从图6-6中可以看出，本章提出的算法在38人的识别中，表现出了较强的鲁棒性，且其计算效率上也有明显优势。

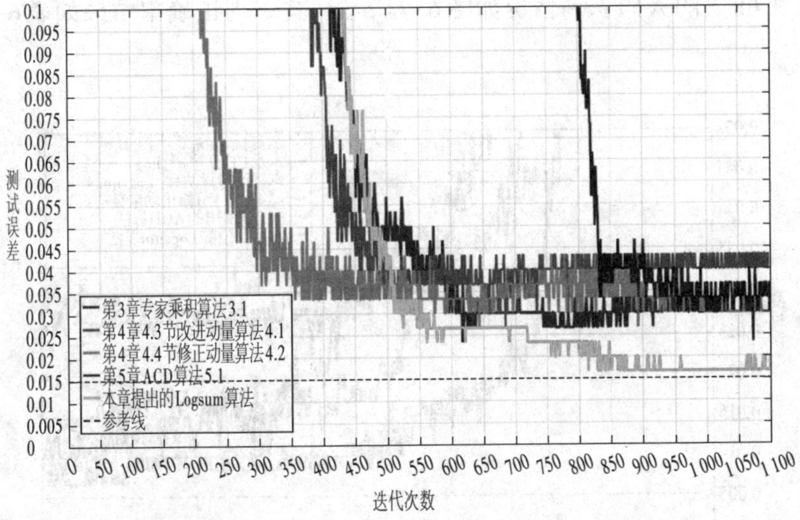

图6-6 不同方法在Extended Yale B人脸数据库上的38人识别情况

6.4.3 CMU-PIE数据库人脸识别

CMU-PIE数据库包含68位志愿者的41 368张多姿态、光照和表情的面部图像。选取其中尺寸为32 × 32的子集，包含68个人，每个人约有170张不同的图像，共11 554张图片。此次分别对30人和68人的人脸图像进行识别，30人时，选取5 100个带标的数据（包含30个人的图像），其中随机选取4 500张图像来训练，其余600张图片用来测试；68个人时，选10 000张图像作为训练样本，剩下的1 554张图片用来测试。采取分批训练，每批样本为100张图片。

我们分别建立1024-100-100-30和1024-100-100-68的网络结构，用本章提出的Logsum算法来识别30人和68人的人脸图像，识别正确率分别可达99.33%和98.93%，不同方法在CMU-PIE数据库上30

人和68人的人脸识别情况如图6-7所示，其识别正确率结果如表6-4所示。

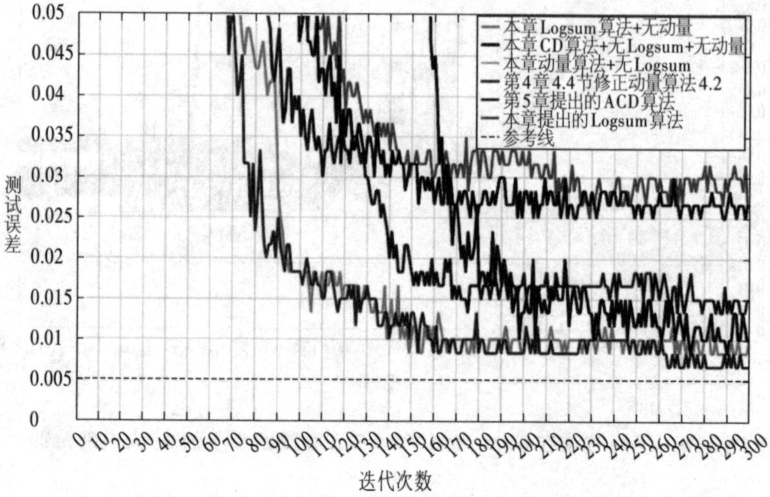

（a）30人的识别

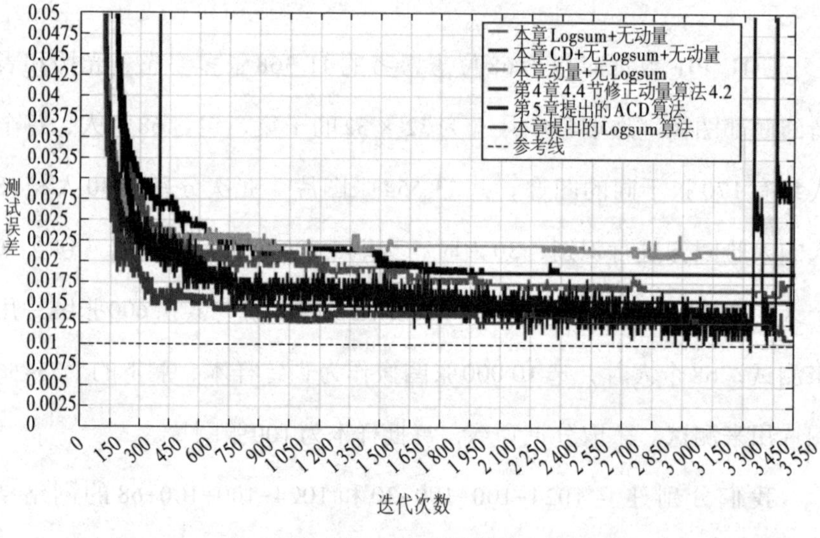

（b）68人的识别

图6-7　不同方法在CMU-PIE人脸数据库上的识别情况

表6-4　　**不同方法在CMU-PIE数据集上的实验情况**

不同方法	网络结构	识别正确率（%）	耗时（m）
付晓等方法，30人	1024-500-500-30	98.83	17.7
第3章算法3.1，30人	1024-600-600-30	98.83	9.0
第4章算法4.1，30人	1024-500-500-30	99.17	6.0
第4章算法4.2，30人	1024-600-600-30	99.17	9.5
第5章ACD算法，30人	1024-100-100-30	99.33	2
本章Logsum算法，30人	1024-100-100-30	99.33	1.1
李倩玉等方法，68人	1024-CNN-SAE-SAE-68	96.17	—
第3章算法3.1，68人	1024-100-100-68	98.13	6.25
第4章算法4.1，68人	1024-100-100-68	98.47	6
TU等方法，68人	—	87.7	—
第4章算法4.2，68人	1024-100-100-68	98.67	6
Faraji等方法，68人	—	98.86	—
第5章ACD方法，68人	1024-100-100-68	98.87	14.5
本章Logsum算法，68人	1024-100-100-68	98.93	27

30人的识别中，RBM网络的学习率和动量分别设为$\eta = 0.01$，$m^* = 0.4$。经过1分钟，30人的识别错误率为0.67%，即识别正确率为99.33%。与付晓等提出的方法相比，本章Logsum算法对30人识别错误率降低了42.7%，且时间上缩短了93.8%；与第5章的ACD方法相比，识别结果一样，但是时间上本章降低了45%。68人的识别率

98.93%超过第5章的ACD方法识别效果98.87%，从图6-7（b）可以看出，虽然第5章的ACD方法在3 000次迭代时最终识别结果超过了本章Logsum算法的98.93%，但其ACD算法波动性比较大，不稳定。本章Logsum算法对68人的识别，在修改梯度近似方法后，结合修正动量方法，表现出了较强的稳定性和鲁棒性，68人的识别在时间上没有表现出较明显的优势。

综合以上3组图像识别的应用结果可以看出，本章提出的基于梯度改进和动量结合的Logsum算法在图像识别中均优于其他同类算法。尤其在人脸图像识别中，反映了本章算法能够有效提高RBM网络模型的表示能力，在Ji等提出的Logsum算法基础上改进梯度和加入修正动量算法后，能够提高RBM网络的稀疏化特征学习性能、特征表示能力，其网络表现出较强的泛化能力和鲁棒性，进而提高了网络分类效果。

6.5　本章小结

本章提出了一种新的、有效的基于梯度改进和动量结合的Logsum正则化方法。在第4章的修正动量算法基础上加入Logsum正则项后，使得其RBM模型稀疏性增强，提取更本质的、稀疏化的特征，其RBM模型的表示能力更强，从而进一步提高网络泛化性能和鲁棒性。本章算法在MNIST手写数字体、Extended Yale B和CMU-PIE人脸数据库上的3组图像识别结果表明，与其他算法相比，改进的

Logsum算法能够学习到较稀疏的和具有可分辨的特征。在人脸识别中，本章的Logsum算法对多姿态、光照和表情变化，甚至是深阴影和高亮光的图像仍然表现出非常好的识别性能和稀疏特征表示能力，网络泛化能力和鲁棒性较好。

7

基于RBM模型的图像数据去噪算法

7.1 引言

数据图像去噪是图像处理、计算机视觉、医学影像、卫星遥感以及安检系统、地震勘探等领域的热点研究课题之一，高质量的图像是后续能有效地处理数据的前提保证。受环境噪声影响，数据在采集和传输过程中不可避免地存在许多随机噪声，随机噪声的存在会影响后续图像数据处理的质量。因此，去除图像数据的随机噪声具有重要的研究价值。随着深度学习技术的发展，深度学习在图像特征提取和强大的学习功能方面的应用，为图像数据去噪方法提供了新思路。

常见的基于深度学习的图像去噪方法有基于卷积神经网络（Convolutional Neural Networks，CNN）方法，如Jain等将CNN用于自然图像去噪，并取得了较好的去噪效果。Burger等提出多层感知机（Multi-Layer Perceptron，MLP）方法，成功地实现了图像去噪，且比Aharon等提出的基于*K*次奇异值分解（*K*-Singular Value Decomposition，*K*-SVD）的无监督学习方法去噪效果要好。Xie等也提出无监督学习方法，将堆叠稀疏去噪自编码网络用于去除高斯噪声，取得了与*K*-SVD方法相当的去噪效果。Zhang等提出用较深层卷积神经网络（Denoising Convolutional Neural Networks，DnCNN），其算法去噪性能优于Dabov等提出的目前传统无监督学习算法去噪效果最佳的三维块匹配（Block Matching 3D，BM3D）算法。Rafael等提出无监督学习的伯努利受限玻尔兹曼机（Bernoulli-Bernoulli Restricted Boltzmann

Machine，BB-RBM）方法和基于RBM的3个隐层的深度玻尔兹曼机（Deep Boltzmann Machine，DBM）方法给图像去噪，在噪声标准差为0.1、0.2和0.3下取得的去噪效果一般。Zhang等提出一种快速灵活的去噪CNN，取得了很好的图像去噪效果。Chen等利用生成对抗网络（Generative Adversarial Network，GAN）的无监督学习来实现图像去噪。作为一种数据驱动的学习算法，DnCNN算法达到了高质量的去噪效果，但因其受数据结构特点及噪声分布等限制，导致该算法在实际数据中推广较困难。王钰清等提出一种有效的数据增广的CNN方法，通过数据增广形成训练样本集，有效地解决了实际地震数据中面临缺少训练样本的问题，但其CNN模型在去噪性能和效率方面仍有待提高。

上述基于深度学习的图像去噪算法虽然在图像去噪上分别取得了一定的效果，但不管是CNN模型去噪，还是传统无监督学习算法等都需要大量的训练集进行训练，且面临训练集不足等会影响去噪效果以及难以推广应用于实际数据中的问题。由于训练样本的规模或CNN模型去噪时需要GPU来训练，所以耗时非常长。而RBM模型能够无监督地学习到图像数据的概率分布，无须大量标签，且对计算机硬件要求不高，在较短时间内能达到较好的识别效果。贝叶斯的不确定性与先验知识整合优势，能有效提高模型的泛化能力和鲁棒性，且贝叶斯方法在样本较少或噪声较多时有更好的适用性。RBM模型去噪优点在于其无须训练集也无须预训练即可进行图像去噪。

针对深度学习图像去噪的训练集问题，为进一步改善图像去噪质量和推广深度学习去噪方法在实际数据中的应用，提高去噪效率，本章提出RBM模型的深度信念网络（Deep Belief Nets，DBN），它是一种快速有效的深度学习方法，可用于图像数据去噪。首先，将原始图像加入随机噪声，把带噪声的自然图像分割成若干小块并一一拉成向量；接着，将其批量输入2个隐层的DBN模型中，用沈卉卉等提出的基于修正动量（Modified Momentum Algorithm，MMA）的RBM算法进行逐层学习，反向微调阶段将原始图像作为标签进行微调；最后将其学习特征输出还原成图像，能有效地达到很好的去噪效果。进一步将RBM模型算法用于地震数据去噪，也同样取得了很好的去噪效果。

本章主要工作有以下几点：（1）提出了RBM模型的DBN用于图像去噪，利用RBM模型能够无监督地学习到图像数据的概率分布特点，即可达到图像去噪的较好效果。（2）因RBM模型进行图像去噪时无须训练数据，利用沈卉卉等提出的修正动量RBM算法自身处理数据的核心过程来学习带噪声自然图像数据特征，用原始图像作为标签进行反向微调即可达到去噪，而且在图像去噪中有较好的效果。（3）将RBM模型方法用于人工合成数据和真实地震数据的去噪，其结果表明，RBM模型算法也能在实际数据去噪应用中加以推广，其去噪方法可以很好地解决地震数据训练样本缺少和去噪效率低等问题。由此，RBM无监督学习模型不仅对其应用领域扩展具有十分积极的实际意义，且为图像去噪方法提供了一种新的研究思路和借鉴。

7.2 RBM无监督学习模型的去噪方法

采用MMA算法进行图像去噪，RBM模型主要参数w_{ij}，a_i，b_j的更新方式分别为：

$$\Delta w_{ij} = m^* \Delta w_{ij} + \boldsymbol{\eta}\left[v_i^{(0)} p(h_j = 1 | \boldsymbol{v}^{(0)}) - v_i^{(k)} p(h_j = 1 | \boldsymbol{v}^{(k)}) \right]$$

$$\Delta a_i = m^* \Delta a_i + \boldsymbol{\eta}\left[v_i^{(0)} - v_i^{(k)} \right]$$

$$\Delta b_j = m^* \Delta b_j + \boldsymbol{\eta}\left[h_j^{(0)} - p(h_j = 1 | \boldsymbol{v}^{(k)}) \right]$$

其中，w_{ij}表示第i个可见单元和第j个隐单元之间连接权重；a_i和b_j分别表示第i个可见单元的偏置和第j个隐单元的偏置；m^*为RBM动量；$\boldsymbol{\eta}$为学习率；$v_i^{(0)}$为第i个可见单元的初始状态；$v_i^{(k)}$表示第i个可见单元在第k次Gibbs采样后的状态；$h_j^{(0)}$为第j个隐单元在输入样本时的初始状态；$p(h_j = 1 | \boldsymbol{v}^{(0)})$表示当输入样本$\boldsymbol{v}^{(0)}$时，第$j$个隐单元激活概率；$p(h_j = 1 | \boldsymbol{v}^{(k)})$表示可见单元第$k$次Gibbs采样后状态为$\boldsymbol{v}^{(k)}$时，第$j$个隐单元激活概率。

本章将带噪声图像$\boldsymbol{x}$拉成向量输入2个隐层DBN模型中，DBN模型去噪的结构图如图7-1所示。其中，2个隐层的RBM模型有l^2个可见单元和n个隐单元，RBM模型中层内各单元之间无连接。因此，给定可见单元状态时，各隐单元的激活条件独立。同样，给定隐单元状态时，各可见单元的激活也条件独立。学习RBM模型目的是让RBM网络表示的可见层节点$\boldsymbol{v}$的分布最大可能地拟合输入样本所在样本空间的分布，即使RBM表示的Gibbs分布与输入样本表示的分布尽可能接近。

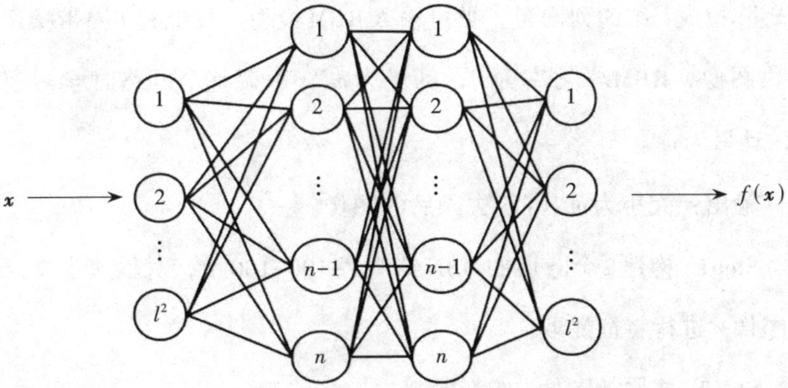

图7-1　2个隐层的DBN模型去噪结构图

设$\boldsymbol{y}$是原始图像，在$\boldsymbol{y}$上加入噪声标准差为σ的随机噪声后的图像为$\boldsymbol{x}$，经过RBM模型学习后，其输出为$f(\boldsymbol{x})$。于是，将RBM模型算法用于图像去噪，其模型去噪学习目标函数变成最小化损失函数为：

$$L(\theta) = \arg\min_{\theta} \left\| f(\boldsymbol{x}) - \boldsymbol{y} \right\|_2^2$$

其中，$\theta = \{w_{ij}, a_i, b_j\}$，$i = 1, 2, \cdots, n$；$j = 1, 2, \cdots, m$。RBM主要任务是找出最佳参数$\theta$，以拟合给定的训练数据的概率分布，提取图像最本质特征。

本章提出基于RBM模型的DBN图像数据随机噪声去除方法，充分利用RBM模型强大的数据特征表示能力、较好的学习图像本质特征的能力以及很好的生成模型等优势，通过有效的梯度算法与MMA相结合提高图像去噪效率。本章RBM模型的图像数据去噪方法步骤如下所示：

输入：将大小为$m \times r$原始图像$\boldsymbol{y}$，加入噪声标准差$\boldsymbol{\sigma}$随机噪声后图像为$\boldsymbol{x}$，将其分割为$l \times l$带噪声的小块图像，将带噪声的小块图像矩阵拉成l^2维的列向量，批量输入RBM模型，每批有T幅带噪声的小块图像，RBM学习率为η，动量为m^*，微调整个网络时学习率为η'，动量为m'。

输出：大小为$m \times r$的去噪后的图像。

Step1. 构建2个隐层的DBN结构l^2–100–100–l^2，对输入带噪声小块图像$\boldsymbol{x}'$进行特征提取。

Step2. 将原始图像$\boldsymbol{y}$作为标签。

Step3. 带噪声的小块图像经过RBM模型算法后，得到学习后特征图，即去噪后的$l \times l$小块图像。

Step4. 对去噪后的每个小块图像进行拼接，逐步恢复到与原始图像一样尺寸的$m \times r$去噪后图像，最后微调整个网络使得去噪后图像与原始图像尽可能小。

Step5. 得到去噪后性能最佳的图像。

通常采用峰值信噪比（peak signal-to-noise ratio，PSNR）和均方误差（mean squared error，MSE）评价图像去噪方法的性能，它们分别定义为：

$$\text{PSNR} = 10\lg\left(\frac{255^2}{\text{MSE}}\right) = 20\lg\left(\frac{255}{\sqrt{\text{MSE}}}\right)$$

$$\text{MSE} = \frac{1}{m \cdot r}\sum_{i=1}^{m}\sum_{j=1}^{r}\left\| \boldsymbol{F}(i, j) - \boldsymbol{G}(i, j) \right\|$$

其中，$\boldsymbol{F}$和$\boldsymbol{G}$为给定的2幅大小为$m \times r$的黑白图像，i和j分别代表每个像素点。

7.3 自然图像数据去噪

Rafael等用一个隐层的RBM模型去噪，选取MNIST中的10 000个手写体数字图像的测试集既用于训练又用于测试，每幅图像均未进行分割，且只给出高斯噪声标准差σ分别为0.1，0.2，0.3情况下的3幅数字体为3，4，5的图像去噪效果图，其并不适用于同类去噪算法有效性的比较。为了验证MMA算法的图像去噪有效性，本章选取广泛用于评估高斯噪声去噪效果的包含Lena和Barbara等12张标准图的Set12数据集进行直接测试。首先将噪声标准差σ分别为15，25，50的随机噪声进行归一化，然后将每幅图像分割为8 × 8大小的块，并将它们拉成64维的列向量批量输入到结构为64-100-100-64的DBN模型中。选用House图像来测试其去噪效果，不同噪声下去噪效果如表7-1所示，以验证本算法去噪的有效性。

表7-1　House图像在不同噪声标准差下的去噪效果

原始图	噪声图	σ	去噪恢复图	PSNR/dB
		15		34.99

续表

原始图	噪声图	σ	去噪恢复图	PSNR/dB
		25		33.47
		50		32.08

本章实验电脑CPU内存16 GB，型号是Intel（R） core（TM） i7-4770 HQ CPU @2.2 GHz，在MATLAB R2014a和Microsoft Windows 8的操作系统环境下实现。

由于本章实验主要目的是检验基于RBM模型的DBN去噪能力，因此，采用第1节方法直接将256 × 256大小的Peppers图像加入σ = 25的随机噪声，将其分割成8 × 8大小的块后拉成64维的向量，将它们作为2个隐层DBN模型的输入数据进行批量学习和去噪。设batch size=4，将原始图像作为标签，预训练的RBM学习率设为0.01，动量为0.04；微调学习率为2.1，动量为0.05，直接输出学习后的特征，然后将RBM模型学习后的特征进行拼接，效果如表7-2中去噪恢复图所示，其PSNR为32.93 dB，可见RBM模型的图像去噪效果也很好。

表7-2　　　　　Peppers图像在σ = 25下的去噪效果

原始图	噪声图	去噪恢复图
		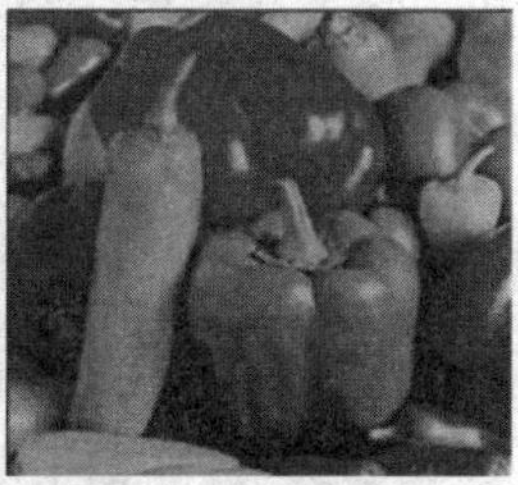

同时，在噪声标准差σ分别为15，25，50的情况下，用MMA算法对Peppers图像的去噪效果进行对比，其PSNR值随着迭代次数的变化情况如图7-2所示。

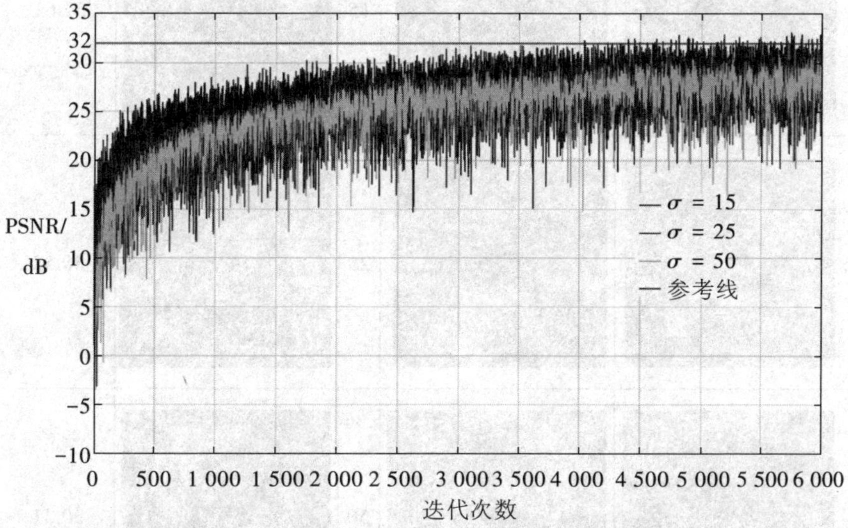

图7-2　Peppers图像在不同σ下去噪后PSNR值变化情况

由图7-2可以看出，采用MMA算法对Peppers图像去噪，在σ = 15的低噪声标准差下其去噪效果最好，在σ = 50时其去噪效果最差，但即使在高噪声标准差下，其去噪能力依然也比较强。

接下来，对Boat、Lena图像也采取和Peppers图像同样的处理过程，加入$\sigma = 15$，25，50的随机噪声，效果分别如表7-3和表7-4中的噪声图所示。经过24 min学习训练和去噪，效果分别如表7-3和表7-4中的去噪恢复图所示。其中，RBM模型学习阶段和微调阶段的参数分别设置为$\eta = 0.01$，$m^{*} = 0.04$；$\eta' = 2.3$，$m' = 0.06$。

表7-3　　**Boat图像在不同噪声标准差下的去噪效果**

原始图	噪声图	σ	去噪恢复图	PSNR/dB
		15		32.61
		25		30.52
		50		30.31

表7-4　　Lena图像在不同噪声标准差下的去噪效果

原始图	噪声图	σ	去噪恢复图	PSNR/dB
		15		34.73
		25		34.55
		50		32.37

从表7-3和表7-4中不同噪声标准差下的去噪恢复图可以看出，RBM无监督学习去噪方法无论在噪声标准差较高还是较低的情况下，其去噪效果都较好。

同样，Barbara图像加入噪声标准差为50时，其PSNR=−1.97 dB，如表7-5噪声图所示，其去噪后恢复图像PSNR=31.98 dB，效果如表中去噪恢复图所示，表明本章MMA算法在高斯噪声标准差比较高的情况下，其去噪能力依然有较强的鲁棒性。

表7-5　　　　Barbara图像在σ = 50下的去噪效果

原始图	噪声图	去噪恢复图

将Barbara图像分别在15，25，50的3种噪声标准差下，网络参数保持不变，用MMA算法去噪，其恢复图PSNR变化情况如图7-3所示。表明MMA算法对于Barbara图像在σ = 15的标准差下，其整体去噪效果没有表现出最佳的优势。

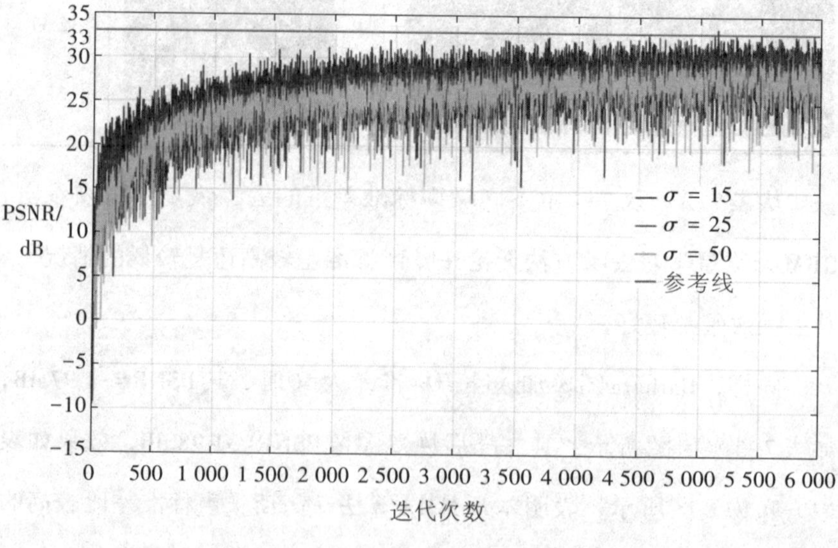

图7-3　Barbara图像在不同σ下去噪后PSNR值变化情况

将Set12数据集中House、Peppers、Boat、Lena和Barbara图像分别加入σ = 15，25，50的随机噪声，用MMA算法的DBN去噪后，图像最佳PSNR值分别与陈叶飞等提出的无监督多重非局部融合（unsupervised multi-non-local fusion，UM-NLF）去噪方法、BM3D方法和*K*-SVD方法、MLP方法和DnCNN方法的去噪图像PSNR值对比，结果见表7-6。可以看出，基于RBM模型的图像去噪方法可行，且有较好的去噪效果。

表7-6　不同σ下各方法对Set12中5幅图像去噪PSNR对比

σ	方法	PSNR /dB				
		House	Peppers	Boat	Lena	Barbara
15	BM3D	34.93	32.69	32.13	34.26	33.10
	MLP	34.54	32.25	31.93	33.92	31.38
	DnCNN	34.97	33.30	32.42	34.62	32.64
	UM-NLF	34.47	32.70	31.82	34.01	32.57
	本章算法	34.99	33.86	32.61	34.73	33.57
25	BM3D	32.92	30.16	29.91	32.08	30.72
	K-SVD	32.08	29.69	29.24	31.30	29.49
	MLP	32.50	30.25	29.89	32.12	29.21
	DnCNN	33.06	30.87	30.21	32.44	30.00
	UM-NLF	32.29	30.04	29.51	31.79	30.07
	本章算法	33.47	32.93	30.52	34.55	33.06

续表

σ	方法	PSNR /dB				
		House	Peppers	Boat	Lena	Barbara
50	BM3D	29.69	26.68	26.78	29.05	27.22
	K-SVD	29.12	25.97	26.24	28.28	24.53
	MLP	29.64	26.68	27.03	29.32	25.24
	DnCNN	30.00	27.32	27.20	29.39	26.22
	UM-NLF	28.57	26.29	26.31	28.51	26.58
	本章算法	32.08	31.51	30.31	32.37	31.98

从表7-6可以看出，在不同随机噪声标准差下，无论与最新的UM-NLF去噪方法相比，还是与传统无监督学习算法去噪效果最佳的BM3D算法相比，甚至与深度学习去噪效果较好的DnCNN方法相比，本章提出的RBM模型算法去噪效果均优于对比方法。尤其在随机噪声$\sigma = 50$时，与同类其他无监督学习方法相比，其去噪效果更佳。在$\sigma = 25$时，各图像最好的去噪恢复图PSNR值在30.52 dB以上，去噪效果提高1%~10%。

以上15组图像去噪实验结果表明，本章提出的RBM模型的DBN去噪方法是有效的，能较大程度缩短网络学习时间并有效去除随机噪声。

UM-NLF方法和刘一畅等提出的基于CNN方法均取得了较好的去噪效果。无监督深度学习方法优势很多，对于数据中所隐含的内部本质特征、复杂结构和数据规律都能自动学习，尤其在解决大数据复杂非线性问题方面具有其独特优势，这一优势能很好地解决地震勘探领域中的非线性问题。深度学习方法在地震勘探领域中还处于研究阶段，目前尚缺乏为地震数据处理而专门设计的神经网络和训练样本数据库。深度学习中的CNN模型应用于地震勘探方面的研究大多集中在地球物理反演和地震数据去噪上，目前还未见到RBM模型方法在地震数据去噪方面的应用。

基于以上自然图像去噪效果，本章将MMA算法和Shen等提出的基于权衰减动量的（average contrastive divergence with weight momentum，ACDWM）算法用于地震数据图像去噪。

7.4　地震图像数据去噪

地震数据去噪是提高地震数据可靠性和精度的一个很重要步骤，其去噪效果直接影响后续地震数据处理的质量。受环境噪声影响，随机噪声普遍大量存在于地震勘探过程的地震数据中，地震数据的后续处理精度也会因随机噪声的存在而受到限制。而深度学习中RBM模型具有较强的特征表示能力和学习图像本质特征的能力，为此，本章采用RBM模型去除随机噪声。

地震数据训练样本少且去噪效率低，而RBM模型去噪时无须训练样本，本章利用RBM模型处理数据的特点及优势，将原始地震数据图像采用本章第1节算法进行处理，分别采用MMA算法和ACDWM算法对人工合成地震数据和真实地震数据进行随机噪声去除实验。

7.4.1 人工合成数据

为验证本章方法对地震数据的去噪效果，分别采用MMA算法和ACDWM算法对2组人工合成数据进行随机噪声去除实验，其中人工合成数据1如图7-4a所示；人工合成数据2是用Ricker子波生成，如图7-5a所示，大小都是512 × 512图像数据。对其归一化后，加σ = 25随机噪声后如图7-4b和7-5b所示，将图像分割成16 × 16的小块，拉成256维的列向量作为DBN模型的输入，去噪结果分别如图7-4c~7-4d和图7-5c~7-5d所示，实验中DBN网络结构设为256-100-100-256，参数设置、去噪时间和去噪后图像PSNR值如表7-7所示。

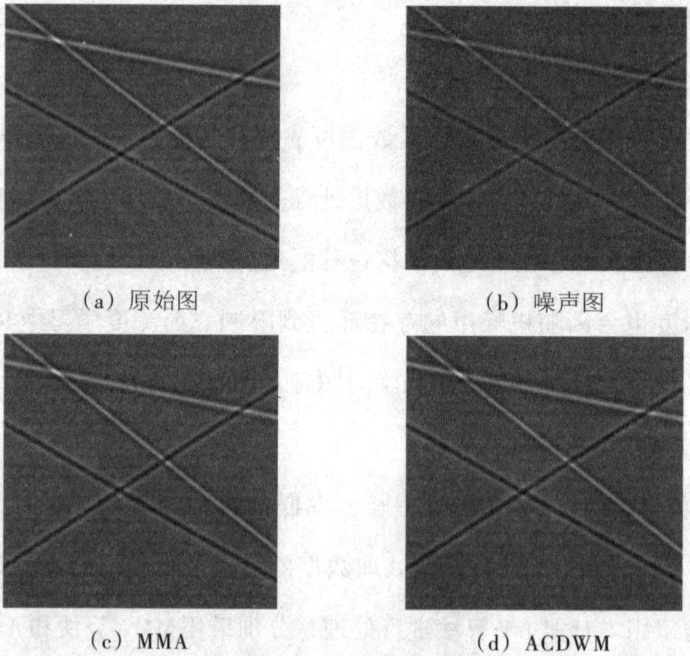

（a）原始图　（b）噪声图　（c）MMA　（d）ACDWM

图7-4　人工合成数据1的不同RBM算法的去噪结果

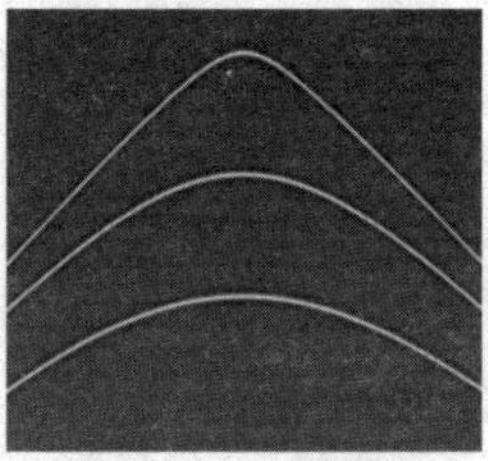

(a) 原始图

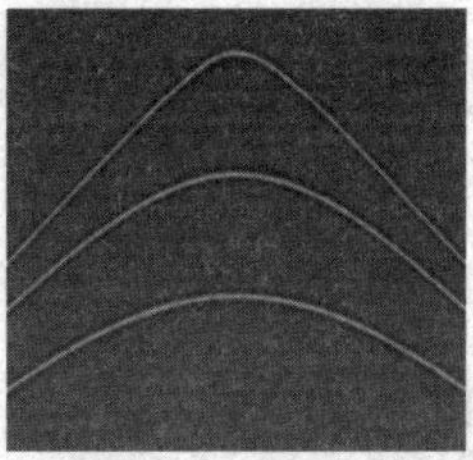

(b) 噪声图

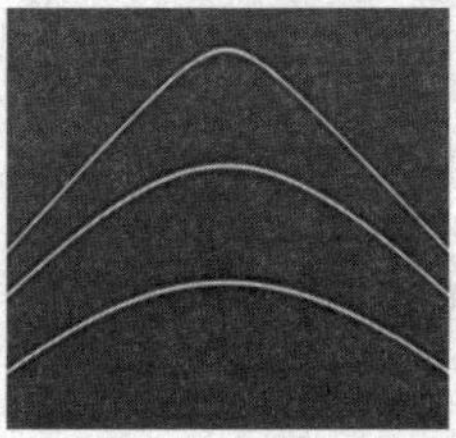

(c) MMA

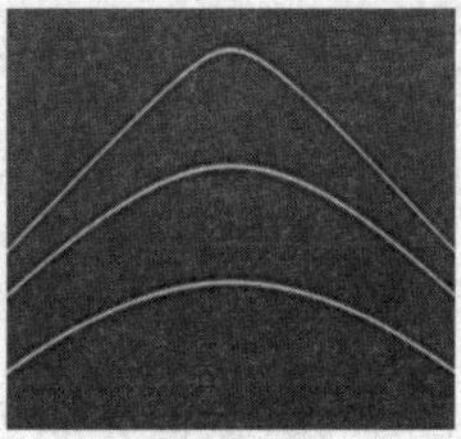

(d) ACDWM

图7-5　人工合成数据2的不同RBM算法的去噪结果

表7-7　**不同RBM算法去噪时参数设置、时间及去噪后图像PSNR对比**

算法	图像	η	m^*	η'	m'	λ_1	λ_2	时间	PSNR/dB
MMA	合成数据1	0.1	0.04	1.4	0.05			4.5	44.72
	合成数据2	0.1	0.04	1.4	0.05			3.9	41.47
ACDWM	合成数据1	0.1	0.04	1.0	0.05	0.00001	0.000001	5.7	44.88
	合成数据2	0.1	0.04	1.6	0.05	0.000001	0.000001	5.5	43.47

由表7-7、图7-4和图7-5可以看出MMA和ACDWM两种算法在人工合成数据1上去噪效果相当；ACDWM算法在人工合成数据2上有较好的去噪效果。

7.4.2 真实地震数据

真实地震数据通过炮集有50个地震道，道间距为1 m，每道有5 001个采样点，时间采样率是设置为1 ms来获取的，选取256 × 256大小的图像数据，将其归一化后如图7-6a所示，添加噪声标准差σ = 25的随机噪声后PSNR=-0.94 dB如图7-6b所示，将图像分成8 × 8的小块，用MMA和ACDWM两种算法来去噪，其效果如图7-6c~7-6d所示。DBN网络结构都设为64-100-100-64，其参数设置、去噪时间和去噪后图像PSNR值见表7-8。

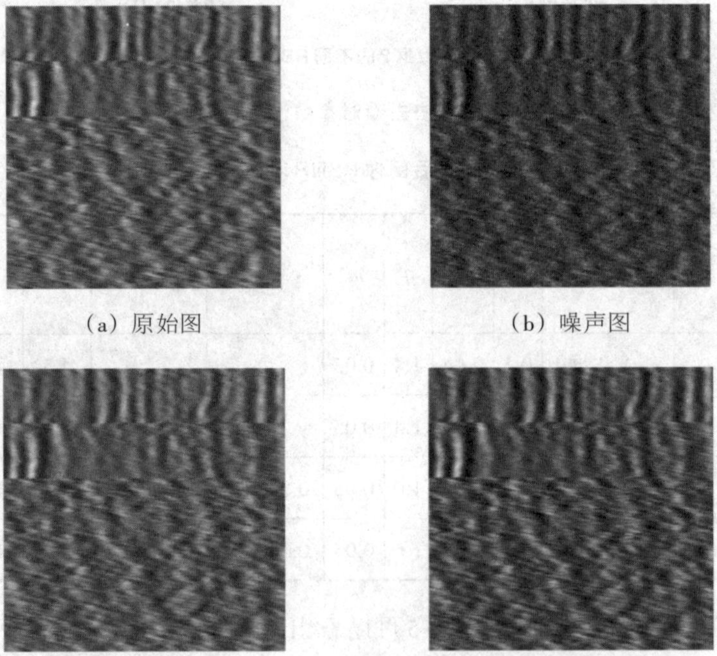

（a）原始图　（b）噪声图

（c）MMA　（d）ACDWM

图7-6　真实地震数据的不同RBM方法的去噪结果

表7-8　　不同RBM算法去噪时参数设置、时间及去噪后图像PSNR对比

算法	η	m^*	η'	m'	λ_1	λ_2	时间/min	PSNR/dB
MMA	0.1	0.04	2.0	0.05			9.2	35.45
ACDWM	0.1	0.04	2.3	0.06	0.000001	0.00000001	12.5	35.52

由图7-6和表7-8看出，真实地震数据在噪声 σ = 25下，ACDWM算法比MMA算法去噪效果略优，但因其加了权衰减因子，其算法去噪时间略长。

两种算法在真实地震数据上去除噪声后恢复图PSNR值大小随着迭代次数进行变化的情况如图7-7所示。

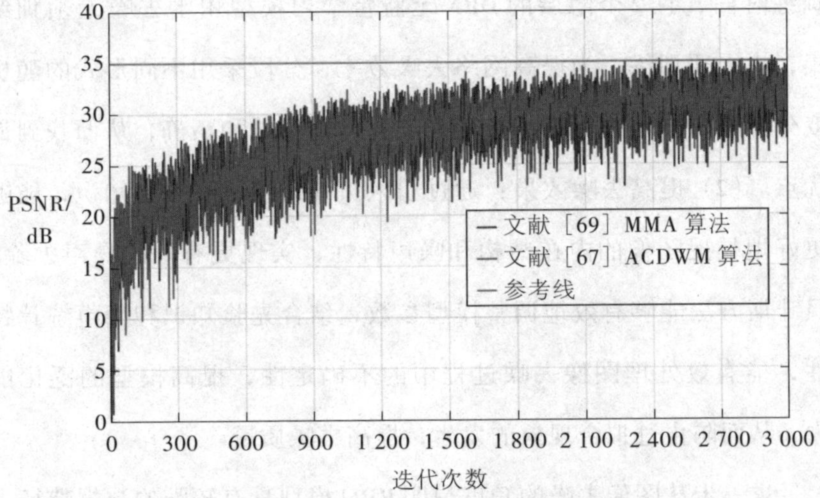

图7-7　2种方法对真实地震数据去噪后PSNR值变化情况

通过对3组地震数据采用不同RBM算法的去噪实验可以看出，

RBM算法具有较好的图像去噪能力，两种RBM算法的去噪性能差别不是太大。

7.5 本章小结

本章提出了一种基于RBM无监督学习模型的DBN的图像数据随机噪声去除的新方法。对自然图像和地震数据随机噪声去除的18组实验结果表明，本章RBM模型方法能有效地去除图像数据不同噪声标准差下的随机噪声，并能有效地解决实际地震数据中训练样本缺少的问题且有以下两大优势：（1）减少训练时间：通过贝叶斯方法对RBM模型进行优化，降低对大量噪声图像数据的需求，从而减少训练时间，且2个隐层的DBN无监督学习模型用于去噪无须训练集，也无须训练；为提高网络去噪效率，分段采用不同形式的随机变分贝叶斯方法的修正动量项来加速网络收敛和精确，从而找到最优点。（2）提高去噪效果：通过引入贝叶斯方法和先验知识，能够更好地捕捉图像的内在结构和噪声特性，实现更有效的噪声去除。贝叶斯方法能够有效地调整模型参数，结合先验知识和噪声统计特性，能有效处理图像去噪过程中的不确定性，提高模型的泛化能力，从而防止过拟合现象的发生，提高去噪质量。

进一步从图像去噪的角度说明RBM模型具有较强的数据特征表示能力，其在学习和训练的同时，能较好地学习和提取图像中更本质的特征，从而达到了图像去噪效果，同时也提高了图像去噪效率，表现出较强的泛化性能和鲁棒性。然而，在去噪实验过程中发现，本章算法对于有的图像数据，无论怎样调整网络参数，只有其分割图像的大小会影响去噪效果；对同一张分割大小相同的图片，噪声标准差也一样时，网络参数设置的大小会影响去噪效果，但也不是特别敏感，这可能与RBM模型本身处理数据的特点有关。贝叶斯方法用于RBM模型学习中的蒙特卡罗方法、Gibbs采样中，以及最后的分类原则都用到了贝叶斯推断。已有研究表明，单一的深度学习模型往往不能带来最好的去噪效果，因此通过多种模型或融合其他模型综合打分，可能会取得更好的效果。下一步将考虑充分利用RBM模型能够学习到噪声数据的分布这一特性，进一步探索和研究多模型融合的去噪方法。

8

总结与展望

8.1 本书研究总结

梯度算法、动量方法和正则化方法在机器学习领域有诸多应用，从有监督学习到无监督及半监督学习等，几乎可用于任何一种学习任务。这几种方法在无监督学习RBM模型中的应用，不仅可以提高模型的性能，还可以使得模型具有更好的稳定性和可靠性。本书以受限Boltzmann机模型为基础，重点研究受限Boltzmann机模型在梯度算法、动量方法和正则化方法方面的优化算法及其应用，主要做了以下工作：

（1）将专家乘积系统原理与RBM算法相结合，采用全是真实概率值的参数更新方式会引起模型识别效果不理想并带来密度问题，为此将其更新方式进行改进；为加快网络收敛和提高模型识别能力，采取在RBM预训练阶段和微调阶段引入不同组合方式动量项的一种改进算法。通过对MNIST数据库中0到9手写数字体图片的识别、Extended Yale B和CMU-PIE数据库的人脸识别，以及地震数据去噪，提出的算法减少了学习时间，提高了超参数寻优的效率，进而构建的深度网络能获得较好的分类效果和去噪效果。应用结果表明，提出基于RBM专家乘积的改进算法在处理高维大量的数据时，计算效率有较大提高，其算法有效。

（2）为加快整个DBN网络的学习时间和提高分类效果，提出基于动量方法RBM的一种有效算法。该算法在RBM预训练阶段，结合梯度上升算法特点采取快速上升的动量方式；BP算法微调阶段，为了能精确地找到最优点，结合梯度下降算法特点，相应引入缓慢下降式的动量项，即在梯度上升和梯度下降过程中都使用不同的动量方式。此算法在MNIST手写数字体和CMU-PIE人脸数据库上做了图像识别实验，结果表明提出的算法能够有效地增强图像特征的表示能力，提高图像的分类效果和识别效率。

（3）针对RBM梯度近似的一种计算方法对动量加速不敏感以及识别效果不理想等问题，提出一种基于修正动量的RBM算法。该算法结合RBM梯度近似的一种计算方法，通过修改隐单元偏置参数的更新方式，以避免RBM模型中隐单元取值采用概率值时导致模型识别效果不理想、动量加速有限等问题。同时，在RBM预训练阶段采用快速上升的动量方式，以加速网络收敛；在微调阶段引入缓慢下降的动量项，以避免陷入局部最优点并提高识别效果。该算法通过在MNIST手写数字体、Extended Yale B和CMU-PIE人脸数据库上的图像分类结果表明，提出的算法能够有效提高计算效率和网络泛化能力。

（4）针对CD算法是似然函数梯度的一个有偏估计，似然函数梯度没有达到最大，Ma等已经证明了ACD算法比CD算法更接近似然函数梯度。为了获得梯度的无偏估计，我们提出基于权衰减动量的改进ACD算法。用RBM网络中Gibbs采样到的多个样本的平均来近似，每批数据样本在RBM网络中采样到新的批样本，用此新的批样本的平均来近似梯度。然而，并不是所有的RBM梯度近似算法与动量方法的融合都能起到加速网络收敛的作用，因此，在之前的研究工作基础上，结合修正动量算法和权衰减因子一起来提高RBM网络的表示能力，更好地近似其梯度。提出的改进ACD算法通过在MNIST手写数字体、Extended Yale B和CMU-PIE人脸数据库3个公共数据集上的图像识别结果表明，提出的算法能够有效地提高计算效率和网络泛化能力。

（5）在LogsumRBM算法和沈卉卉等提出修正动量方法以及之前的4个研究工作基础上，提出基于梯度改进和动量结合的LogsumRBM正则化方法。我们在RBM目标函数里加入稀疏效果较好的Logsum函数正则项，结合改进的梯度近似方法和不同形式的动量项，使得其RBM模型稀疏性增强，提取更本质的、稀疏化的特征，其RBM模型的表示能力更强，从而进一步提高网络泛化性能和鲁棒性，能够有效地提高计算效率和RBM算法性能。同样在MNIST手写体、Extended Yale B和CMU-PIE人脸数据库上的图像识别结果表明，提出的梯度算法融合Logsum正则化以及动量方法能够提高RBM网络的稀疏化特征学习性能、特征表示能力，其网络表现出较强的泛化性能和鲁棒性，进而提高了网络分类效果。将RBM梯度近似方法进行改进，并结合Ji等提出的Logsum正则化方法，解决RBM存在的梯度近似算法对动量不敏感、分类效果不佳、RBM特征同质化等问题，以提高RBM泛化能力和鲁棒性并应用于人脸识别问题。整个DBN模型训练由信息正向传播和误差反向传播两个过程组成，其技术路线如图8-1所示：

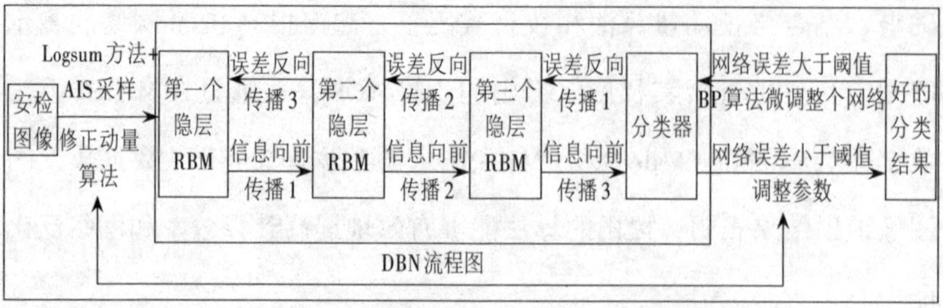

图8-1 基于梯度改进的RBM正则化方法设计流程图

（6）基于RBM模型的DBN网络在图像数据去噪中的应用属于未知阶段。利用RBM模型强大提取特征能力的优势，提出基于RBM无监督学习模型的图像数据去噪算法。利用提出的修正动量RBM算法自身处理数据的核心过程来学习带噪声图像数据的特征，将原始图像作为标签进行RBM模型的反向微调即可去噪，整个过程无须训练集，也无须预训练，学习过程即是去噪过程，去噪高效且效果好，说明此方法是鲁棒性较好的优化算法。将带噪声图像进行改分割，批量输入RBM模型中，并结合修正动量算法，解决RBM网络学习效率问题，以提高RBM去噪效率，其去噪方法流程如图8-2所示。用DBN模型算法分别在自然图像数据、模拟的地震数据和真实的地震数据上做随机噪声去除测试实验，实验结果表明，提出的基于RBM模型的DBN网络在自然图像数据和地震数据上的去噪方法可行，且去除随机噪声效果较其他无监督学习算法和卷积神经网络等深度学习方法要好，说明RBM模型在图像特征学习性能、本质特征提取上有很强的能力。在自然图像数据和地震数据图像去噪方面的应用，RBM无监督学习算法的DBN模型用于图像去噪是国际国内领先应用，也为工程领域中的图像去噪方法提供了一种新的研究思路和借鉴。

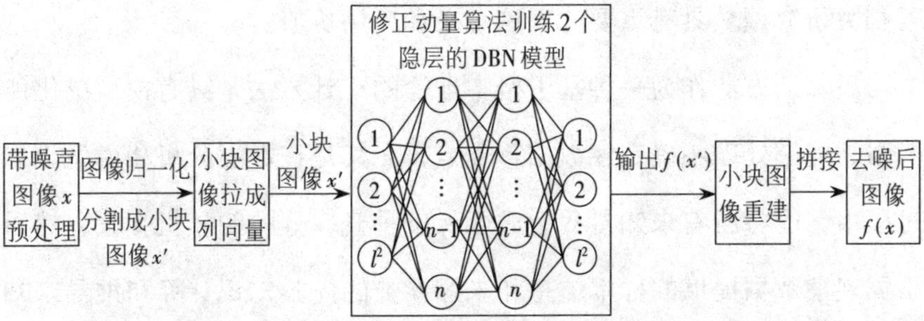

图8-2　基于修正动量算法DBN模型的图像去噪方法流程图

以上几个工作分别在RBM模型的梯度算法、动量算法、正则化方法方面进行了改进与优化，并应用于图像识别和图像去噪等领域。将所有改进算法分别在MNIST、Extended Yale B和CMU-PIE公共数据集上进行图像识别实验来验证算法的有效性，取得了同类算法中的较好效果。同时，为了拓展RBM算法的实践应用性，将其算法用于自然图像数据与地震数据的去噪实验，也取得了较好的去噪效果。

本书研究基于受限Boltzmann机模型的识别算法及其应用，核心思想是提高深度学习的RBM模型识别能力和计算效率。由此，本书研究的算法应用于两块领域多个多方向的数值实验结果表明，若将RBM核心算法技术推广到安检或安全系统，可将应用技术推广到社会应用的各方面，比如机场安检系统、公安系统、银行系统、识别系统、考试监控系统、支付系统、管理系统等，助力社会智能快速发展；应用于智慧城市、智慧校园管理系统中可转化为校园管理识别系统等科研产品，为深度学习的无监督学习模型提供稳定高效的算法以及为其进一步在人工智能的应用领域提供方法和借鉴。本书提出的无监督学习RBM模型的识别算法以及多方法融合的优化策略在机器学习相关研究领域具有重要的理论意义和应用价值。

贝叶斯方法作为一种基于概率理论的统计方法，具有模型泛化能力强、能够处理不确定性数据等优点，尤其是在数据分析和模型训练过程中，能将所有未知参数看成服从某种概率分布的随机变量，然后根据观察数据提供的样本信息和未知参数的先验知识计算和推导未知参数的后验分布，因此在统计机器学习领域具有重要的应用价值。本研究还初步将贝叶斯推理方法和受限玻尔兹曼机模型算法相结合，将贝叶斯方法优化无监督学习RBM模型应用于图像去噪领域。其优势在于它在去噪时无须训练集，也无须预训练，去噪高效且效果好。贝叶斯方法通过建立图像去噪模型的先验概率和似然函数，能够充分利用图像的统计信息，通过分析图像的局部特征和噪声特性以及全局特征，自适应地调整RBM模型的参数，通过对不同类型和强度噪声的去除，实现自适应图像去噪。利用RBM模型进行自适应图像去噪，无须大量的无噪声图像数据就可以对含噪图像进行去噪处理，通过迭代优化过程，估计无噪图像，能够有效去除噪声并保持图像的细节信息，提高去噪效果。在RBM学习过程中，以RBM训练和微调过程中梯度上升和梯度下降算法为特点，分段采用不同形式的随机变分贝叶斯方法的权衰减修正动量项，以提高RBM网络的表示能力和加速网络收敛。贝叶斯不确定性与先验知识整合优势能有效提高模型的泛化能力和鲁棒性，而且贝叶斯方法在样本较少或噪声较多时有更好的适用性。利用RBM无监督学习模型原理来促使图像去噪的研究方法有一定创新。本研究也给出一定技术借鉴与启示，利用训练好的模型对安检图像进行实时识别，能提高识别速度，满足安检系统对实时性的要求，从而可将算法的应用推广到金融行业、教育行业、铁路系统、公安系统、安检系统等，以提升大数据技术服务能力。

安检系统是保障公共安全的重要设备，广泛应用于机场、火车站、地铁站等公共场所。安检系统的主要任务是对人员携带物品进行安全检查，以识别潜在的危险物品。目前，安检系统主要采用X射线成像技术、金属探测技术和爆炸物探测技术等。然而，现有的安检系统存在一些问题，如误报率高、识别速度慢、难以识别非金属危险物品等。

为了解决这些问题，研究人员提出了一些基于机器学习的安检系统识别模型，如支持向量机、CNN等。这些方法在一定程度上提高了安检系统的识别准确率和速度。然而，这些方法在处理大规模数据和高维特征数据时存在计算复杂度高、过拟合等问题。贝叶斯方法在处理不确定性和复杂性问题方面具有独特的优势，为解决现有识别系统对计算机硬件要求高和计算效率低问题，采用基于贝叶斯方法的DBN模型自适应图像去噪方法和系统，将安检识别图像进行去噪等预处理，以解决现有图像去噪技术中存在的噪声去除效果不佳、适应性差等问题，可以提高图像去噪质量和效率，更好地满足实际应用需求。通过将稀疏性限制引入优化目标函数中，采用随机变分贝叶斯方法进行模型分析。RBM稀疏性限制实质是对隐单元稀疏性的控制，对RBM稀疏化就是使其只有少数隐单元神经元被激活，获取输入数据的稀疏表示，有利于RBM模型提取更本质的特征，能提升RBM性能。将多个稀疏RBM堆叠起来可以学习到输入信号更本质的特征，与单个稀疏RBM相比有着更强大的特征学习能力，以解决传统安检系统在处理复杂背景下，对危险物品识别准确率低、速度慢的问题，提高安检系统的识别准确率、速度和对非金属危险物品的识别能力。通过该方法，可以提高安检系统的识别准确性、速度以及抗干扰能力，保障公共场所的安全。将此算法技术应用到安检系统进行实物识别或人脸识别，能为进一步研究深度学习方法、拓展其应用范围及大数据相关技术支持给予一定的思路和方法借鉴。

8.2 研究展望

2024年《政府工作报告》中指出，大力推进现代化产业体系建设，加快发展新质生产力。新质生产力是创新起主导作用，摆脱传统经济增长方式、生产力发展路径，具有高科技、高效能、高质量特征，符合新发展理念的先进生产力质态。新质生产力是科技创新交叉融合突破所产生的根本性成果。新质生产力的核心是信息技术，即人工智能技术，人工智能的发展又要以统计机器学习为基础，而机器学习要解决的实质问题是优化算法。贝叶斯方法是统计学中一种系统的统计推断方法，也是机器学习的核心方法之一，它将所有未知参数看成服从某种概率分布的随机变量，然后根据观察数据提供的样本信息和未知参数的先验知识计算和推导未知参数的后验分布。特别在数据处理方面，针对事件发生的概率以及事件可信度分析上具有良好的分类效果。

贝叶斯方法是统计学中一种系统的统计推断方法，也是机器学习的核心方法之一，它将所有未知参数看成服从某种概率分布的随机变量，然后根据观察数据提供的样本信息和未知参数的先验知识计算和推导未知参数的后验分布。特别在数据处理方面，针对事件发生的概率以及事件可信度分析上具有良好的分类效果。随着计算机科学、数学、统计学、人工智能等领域的快速发展，多学科交叉融合的统计机器学习方法在众多领域中取得了显著的应用成果，尤其在金融风险管理、智能交通系统等领域取得了重要成果。作为一种重要的机器学习方法，贝叶斯方法在处理不确定性问题时具有独特的优势，受到了广泛关注。正则化方法其实是表示对某一问题加以先验的限制或后验约束，以达到模型稀疏或稠密性，特别在数据处理方面，针对事件发生的概率及事件可信度分析上用于推断模型参数、评估模型效果和进行预测，具有良好的分类效果。贝叶斯方法作为一种基于概率理论的统计方法，具有模型泛化能力强、能够处理不确定性数据等优点，因此在统计机器学习领域具有重要的应用价值。

（1）贝叶斯方法在统计学领域处理不确定性和复杂性问题具有独到的优势。贝叶斯方法通过概率模型自然地处理不确定性。它不仅提供对参数的点估计，还提供对参数的不确定性估计，即概率分布。机器学习方法被广泛用于预测股票价格、市场趋势和风险管理等。

（2）贝叶斯方法在机器学习领域具有模型融合能力强、适应性强、灵活性强、避免过拟合等优势。贝叶斯方法允许将先验知识纳入模型中，这有助于在数据稀缺或存在误导性数据的情况下提高模型的鲁棒性。贝叶斯方法可被用来融合来自不同来源的信息，例如将多个模型的预测结果通过概率框架进行加权融合。贝叶斯方法支持在线学习，能够随着新数据的到来不断更新模型，适应数据的变化。贝叶斯方法与决策理论框架紧密结合，能够为决策提供坚实的理论基础。贝叶斯方法可以很容易扩展到复杂的模型和大数据集，因为它通常涉及计算后验分布的近似，而不是直接最大化似然函数。在处理稀疏数据集时，贝叶斯方法通过引入先验分布来减少估计的不确定性，从而提高模型的性能。贝叶斯方法通过正则化（引入先验知识）自然地避免过拟合，即使是在具有大量参数的复杂模型中也能保持良好的泛化能力。贝叶斯方法提供了一套完整的统计推断框架，包括模型选择、参数估计、预测和决策。目前国内外研究多数集中在将贝叶斯方法用于有监督学习模型。贝叶斯方法用于深度学习的无监督学习RBM模型的算法优化比较少，且统计学与相关学科交叉与融合的新方法效果未能充分体现。

（3）贝叶斯方法在深度学习的RBM模型优化中有独特优势。在无监督学习RBM模型中的算法和采样技术中，贝叶斯推理方法的好坏直接影响模型性能，变分推理方法和蒙特卡罗方法是有效的两类推理方法。Gibbs采样用到的马尔科夫链蒙特卡罗方法便于快速收敛到目标分布，且广泛用在贝叶斯分析推理中，是用来估计对数似然函数梯度的近似方法。在RBM正则化方法中，贝叶斯统计分析方法常用于其中。从贝叶斯角度，先验分布起到正则化约束作用，可防止算法出现过拟合。似然函数是基于数据产生的概率分布，后验正则化是利用数据特性来定义的，可实现模型的自适应稀疏，其求解中的随机梯度下降及在线学习算法均用到贝叶斯统计方法。这是因为传统的统计机器学习方法在面对大规模、高维度数据时，往往存在效率低下、模型泛化能力不足等问题。若将贝叶斯方法与多学科交叉融合相结合，可探索贝叶斯方法在多学科交叉融合统计机器学习中的应用，拓展贝叶斯方法在统计机器学习领域的应用范围，有助于推动统计机器学习理论的发展。另外，在贝叶斯优化RBM模型算法应用中，根据不同场景应用需求开发相应统计模型和算法，既能拓展统计学的应用领域与内涵，也能通过应用实践丰富统计预测、推断理论方法，具有推动统计学学科发展和提升统计学的应用地位的作用，为我国新质生产力的发展提供理论支持和实践借鉴。

贝叶斯方法若用于深度学习中的RBM模型的优化算法中，应用价值主要体现在以下几个方面：

（1）促进统计学科与其他学科交叉融合的方法创新。贝叶斯方法能将不同学科领域的知识和经验以先验分布的形式融入统计模型中，打破传统学科的壁垒，促进统计学与其他学科之间的深度融合和方法创新。将贝叶斯方法置于新质生产力的理论框架下，强调信息技术与多学科交叉融合的重要性，为贝叶斯方法在统计机器学习中的应用提供新的研究视角和理论依据，以及跨学科的融合应用，从而推动技术和理论的进步。

（2）推动机器学习的理论创新。贝叶斯方法通过引入新的统计模型和算法，不仅有助于解决复杂问题，还能够为其他学科领域的研究提供有益的借鉴和启示。贝叶斯方法以其处理不确定性、模型泛化能力强等优势，为解决复杂性问题提供有效途径。新质生产力促进统计学与其他学科交叉融合的方法创新，而贝叶斯方法能够充分利用各领域先验知识，提高统计机器学习方法的性能和效率。

（3）提升预测与决策的精准度。在新质生产力推动下，传统机器学习方法在处理高维、多模态问题方面存在局限性，贝叶斯方法通过引入先验知识并实时更新后验分布，能够实现对复杂问题的精准建模和预测。贝叶斯方法具有模型融合能力强、适应性强的优势，能够融合多方法多模型的优点，可以利用无监督学习RBM模型特性与贝叶斯方法融合改进来提高RBM网络稀疏化特征学习性能和特征表示能力。要注重数据驱动与理论驱动相结合，充分利用实际数据验证贝叶斯方法在多学科交叉融合统计机器学习中的有效性，从而将应用算法技术推广到智慧城市管理、风险管理、安检系统、智能识别系统，提供一种高效、可靠的数据分析方法，这样有助于解决实际问题，提高决策效率。稳定高效算法对提升大数据技术服务能力有重要实际意义。

参考文献

[1] 焦李成，杨淑媛，刘芳，等. 神经网络七十年：回顾与展望［J］. 计算机学报，2016，39（1）：1-21.

[2] 古德费洛，本吉奥，库维尔. 深度学习［M］. 赵申剑，黎彧君，符天凡，等译. 北京：人民邮电出版社，2017：169-200.

[3] 周志华. 机器学习［M］. 北京：清华大学出版社，2016：97-119.

[4] 安鹏，曹丹平. 基于深度学习的测井岩性识别方法研究与应用［J］. 地球物理学进展，2018，33（3）：1029-1034.

[5] 刘力辉. 基于深度学习的地震岩相计算方法［C］//中国石油学会（CPS），国际勘探地球物理学家学会（SEG）. CPS/SEG北京2018国际地球物理会议暨展览电子论文集，2018：649-652.

[6] 于四伟，马坚伟. 基于深度学习的地震噪声压制［C］//中国石油学会（CPS），国际勘探地球物理学家学会（SEG）. CPS/SEG北京2018国际地

球物理会议暨展览电子论文集，2018：436-439.

[7] 马坚伟，杨芳舒. 深度学习地球物理反演［C］. 中国地球科学联合学术年会论文集，2018：1368-1370.

[8] 李飞，高晓光，万开方. 基于Gibbs采样的RBM训练算法研究［J］. 自动化学报，2016，42（6）：931-942.

[9] 李飞，高晓光，万开方. 基于改进并行回火算法的RBM网络训练研究［J］. 自动化学报，2017，43（5）：753-764.

[10] 萧子豪，朱军. 神经采样［J］. 计算机学报，2017，40（6）：1379-1393.

[11] 李飞，高晓光，万开方. 基于权值动量的RBM加速学习算法研究［J］. 自动化学报，2017，43（7）：1142-1159.

[12] 刘凯，张立民，张超. 受限Boltzmann机的新混合稀疏惩罚机制［J］. 浙江大学学报（工学版），2015，49（6）：1070-1078.

[13] 罗剑江，王振友. 一种提高受限玻尔兹曼机性能的反正切函数逼近L0范数方法［J］. 小型微型计算机系统，2016（11）：2562-2566.

[14] 柴瑞敏，曹振基. 基于改进的稀疏深度信念网络的人脸识别方法［J］. 计算机应用研究，2015，32（7）：2179-2183.

[15] 杨杰，孙亚东，张良俊，等. 基于弱监督学习的去噪受限玻尔兹曼机特征提取算法［J］. 电子学报，2014，42（12）：2365-2370.

[16] 刘凯，张立民，范晓磊. 改进卷积Boltzmann机的图像特征深度提取［J］. 哈尔滨工业大学学报，2016，48（5）：155-159.

[17] 王岳青，窦勇，吕启，等. 基于异构体系结构的并行深度学习编程框架［J］. 计算机研究与发展，2016，53（6）：1202-1210.

[18] 郭继昌，张帆，王楠. 基于Fisher约束和字典对的图像分类［J］.电子与

信息学报，2017，39（2）：270-277.

[19] 付晓，沈远彤，付丽华，等.基于特征聚类的稀疏自编码快速算法［J］.电子学报，2017（5）.

[20] 李倩玉，蒋建国，齐美彬.基于改进深层网络的人脸识别算法［J］.电子学报，2017，45（3）：619-625.

[21] 史科，陆阳，等.基于多隐层Gibbs采样的深度信念网络训练方法［J］.自动化学，2019，45（5）：975-984.

[22] 盖杉，鲍中运.基于深度学习的高噪声图像去噪算法［J］.自动化学报，2020，46（12）：2672-2680.

[23] 盖杉，王俊生.基于深度学习的非局部注意力增强网络图像去雨算法研究［J］.电子学报，2020，48（10）：1899-1908.

[24] 王钰清，陆文凯，刘金林，等.基于数据增广和CNN的地震随机噪声压制［J］.地球物理学报，2019，62（1）：421-433.

[25] 沈卉卉，刘国武，付丽华，等.一种基于修正动量的RBM算法［J］.电子学报，2019，47（9）：1957-1964.

[26] 陈叶飞，赵广社，李国齐，等.无监督多重非局部融合的图像去噪方法［J］.自动化学报，2022，48（1）：87-102.

[27] 刘一畅，马伟，徐士彪，等.基于卷积神经网络的边缘保真图像去噪算法［J］.计算机辅助设计与图形学学报，2020，32（11）：1822-1831.

[28] 朱军，胡文波.贝叶斯机器学习前沿进展综述［J］.计算机研究与发展，2015，52（1）：16-26.

[29] 沈卉卉，钱坤，张耀峰，等.基于贝叶斯方法的DBN模型自适应图像去噪方法和系统：202410215282.0［P］.2024-10-25.

[30] 张鹏，林晓妮.基于贝叶斯理论可容许均值-方差投资组合优化研究[J]. 数理统计与管理，2024，43（3）：527-540.

[31] 徐明，唐雅晶，马斯斯，等.基于贝叶斯优化的XGBoost模型预测路基回弹模量[J]. 公路交通科技，2023，40（11）：51-60.

[32] 沈寒蕾，张虎. 贝叶斯潜变量倾向得分半联合模型研究与应用[J]. 数理统计与管理，2024，43（1）：81-99.

[33] 陶长琪，徐玉婷. 面板数据贝叶斯自适应Lasso分位数回归——基于非对称指数幂分布的研究[J]. 统计研究，2022，39（9）：128-144.

[34] 虞祯，鞠甜甜，田茂再，等. 基于变分算法的贝叶斯分层收缩模型及其应用[J]. 数理统计与管理，2024，43（1）：66-80.

[35] 张攀博，高静，吴元伟. 贝叶斯优化与集成学习在弹载雷达目标识别中的应用[J]. 航空兵器，2024，31（1）：58-65.

[36] 曹文康，徐哈宁，肖慧，等. 基于贝叶斯优化XGBoost的元多输入模型对滑坡位移预测效果研究[J]. 测绘工程，2024，33（2）：49-55.

[37] HINTON G，SALAKHUTDINOV R. Reducing the dimensionality of data with neural networks[J]. Science，2006，313（5786）：504-507.

[38] DECOSTE D，SCHOELKOPF B. Training invariant support vector machines[J]. Machine Learning，2002，46（1）：161-190.

[39] BENGIO Y. Learning deep architectures for AI[J]. Foundations and Trends in Machine Learning，2009，21（6）：1601-1621.

[40] BENGIO Y. Deep learning of representations：looking forward[C]// International Conference on Statistical Language and Speech Processing. Berlin：Springer，2013（7978）：1-37.

[41] BENGIO Y, COURVILLE A, VINCENT P. Representation learning: a review and new perspectives [J]. IEEE Transactions On Pattern Analysis And Machine Intelligence, 2013, 35 (8): 1798-1828.

[42] ZHANG J, WANG H, CHU J, et al. Improved Gaussian—Bernoulli restricted Boltzmann machine for learning discriminative representations [J]. Knowledge-Based Systems, 2019, 185 (12): 1-13.

[43] HINTON G. Training products of experts by minimizing contrastive divergence [J]. Neural Computation, 2002, 14 (8): 1711-1800.

[44] HINTON G, OSINDERO S, TEH Y. A fast learning algorithm for deep belief nets [J]. Neural Computation, 2006, 18 (7): 1527-1554.

[45] SAZAL M, BISWAS S, AMIN M F, et al. Bangla handwritten character recognition using deep belief network [C]//Proceedings of the International Conference on Electrical Information and Communication Technology. Khulna, Bangladesh: IEEE, 2014: 1-5.

[46] GAO J, YANG J, WANG G, et al. A novel feature extraction method for scene recognition、based on centered convolutional restricted Boltzmann machines [J]. Neurocomputing, 2016, 214 (11): 708-717.

[47] TANG Y, SALAKHUTDINOV R, HINTON G. Robust Boltzmann machines for recognition and denoising [C]//IEEE Conference on Computer Vision and Pattern Recognition. Providence, RI, USA: IEEE, 2012: 2264-2271.

[48] LIU P, HAN S, MENG Z, et al. Facial expression recognition via a boosted deep belief network [C]//Proceedings of the IEEE Conference on Computer Vision and Pattern Recognition. Columbus, OH, USA: IEEE, 2014:

1805-1812.

[49] KIM S, PARK B, SONG B, et al. Deep belief network based statistical feature learning for fingerprint liveness detection [J]. Pattern Recognition Letters, 2016, 77 (1): 58-65.

[50] HINTON G, DENG L, YU D, et al. Deep neural networks for acoustic modeling in speech recognition: the shared views of four research groups [J]. IEEE Signal Process Magazine, 2012b, 29 (6): 82-97.

[51] SINISCALCHI S, YU D, DENG L, et al. Exploiting deep neural networks for detection-based speech recognition [J]. Neurocomputing, 2013, 106 (15): 148-157.

[52] ZHUANG B, WANG L, LU H. Visual tracking via shallow and deep collaborative model [J]. Neurocomputing, 2016, 218 (12): 61-71.

[53] ELAIWAT S, BENNAMOUN M, BOUSSAID F. A spatio-temporal RBM-based model for facial expression recognition [J]. Pattern Recognition, 2016, 49 (1): 152-161.

[54] POLANIA L, PLAZA R. Compressed sensing ECG using restricted Boltzmann machines [J]. Biomedical Signal Processing and Control, 2018, 45 (8): 237-245.

[55] WU B, YU J. A neural network ensemble model for on-line monitoring of process mean and variance shifts in correlated processes [J]. Expert Systems with Applications, 2010, 37 (6): 4058-4065.

[56] HAMEL P, ECK D. Learning features from music audio with deep belief networks [C] //Proceedings of the 11th International Society for Music

Information Retrieval. Utrecht, the Netherlands: Utrecht University Library, 2010: 339-344.

[57] VUNDAVILLI P, PHANI K, SAI P, et al. Neural network-based expert system for modeling of tube spinning process [J]. Neural Computing and Application, 2015, 26 (6): 1481-1493.

[58] LIAO L, JIN W, RADU P. Enhanced restricted Boltzmann machine with prognosability regularization for prognostics and health assessment [J]. IEEE Transactions on Industrial Electronics, 2016, 63 (11): 7076-7083.

[59] ZHANG Y, BAI Y, JIN X, et al. A novel broad learning system integrated with restricted Boltzmann machine and echo state network for time series forecasting [J]. Engineering Applications of Artificial Intelligence, 2024 (133): 108315.

[60] ARAYA P M, JENNINGS J, ADLER A, et al. Deep-learning tomography [J]. The Leading Edge, 2018 (37): 58-66.

[61] HUANG L, DONG X, CLEE T E. A scalable deep learning platform for identifying geologic features from seismic attributes [J]. Leading Edge, 2017, 36 (3): 249-256.

[62] MOSSER L, KIMMAN W, DRAMSCH J, et al. Rapid seismic domain transfer: Seismic velocity inversion and modeling using deep generative neural networks [C] //Proceedings of the 80th EAGE Conference and Exhibition. Copenhagen, Denmark: European Association of Geoscientists & Engineers, 2018 (2018): 1-5.

[63] HOPFIELD J. Neural networks and physical systems with emergent collective

computational abilities [C]//Proceedings of the National Academy of Science. USA: National Academy of Sciences, 1982, 79 (8): 2554-2558.

[64] HINTON G, SEJNOWSKI T. Optimal perceptual inference [C]//Proceedings of the IEEE Conference on Computer Vision and Pattern Recognition. Piscataway, NJ: IEEE, 1983: 448-453.

[65] SMOLENSKY P. Information processing in dynamical systems: Foundations of harmony theory [J]. Parallel Distributed Processing, 1986 (1): 194-281.

[66] GEMAN S, GEMAN D. Stochastic relaxation, Gibbs distributions, and the Bayesian restoration of images [J]. IEEE Transactions on Pattern Analysis and Machine Intelligence, 1984 (6): 721-741.

[67] LE ROUX N, BENGIO Y. Representational power of restricted Boltzmann machines and deep belief networks [J]. Neural Computation, 2008, 20 (6): 1631-1649.

[68] LE ROUX N, BENGIO, Y. Deep belief networks are compact universal approximators [J]. Neural Computation, 2010, 22 (8): 2192-2207.

[69] PUJAHARI A, SISODIA D. Modeling side information in preference relation based restricted Boltzmann machine for recommender systems [J]. Information Sciences, 2019, 490 (7): 126-145.

[70] METROPOLIS N, ROSENBLUTH A, ROSENBLUTH M, et al. Equation of state calculations by fast computing machines [J]. The journal of Chemical Physics, 1953, 21 (6): 1087-1092.

[71] HASTINGS W. Monte Carlo sampling methods using Markov Chains and their applications [J]. Biometrika, 1970, 57 (1): 97-109.

[72] SALAKHUTDINOV R. Learning in Markov random fi elds using tempered transitions [C]//Proceedings of Advances in Neural Information Processing Systems. Vancouver, British Columbia, Canada: Massachusetts Institute of Technology Press, 2009 (22): 1598-1606.

[73] HUANG Z, ZHU Z, YAU C, et al. Identifying autism spectrum disorder from resting-state fMRI using deep belief network [J]. IEEE Transactions on Neural Networks and Learning Systems, 2021, 32 (7): 2847-2861.

[74] CHO K, RAIKO T, ILIN A. Parallel tempering is efficient for learning restricted Boltzmann machines [C]//Proceedings of the 2010 International Joint Conference on Neural Networks. Barcelona. Spain: IEEE, 2010: 3246-3253.

[75] CHO, K, RAIKO T, ILIN A. Enhanced gradient and adaptive learning rate for training restricted Boltzmann machines [C]//International Conference on Machine Learning. Bellevue, WA, USA: ACM, 2011: 105-112.

[76] BRAKEL P, DIELEMAN S, SCHRAUWEN B. Training restricted Boltzmann machines with multi-tempering: harnessing parallelization [C]//Proceedings of the 22nd International Conference on Artificial Neural Networks. Lausanne, Switzerland: Springer, 2012: 92-99.

[77] DESJARDINS G, Courville A, BENGIO Y, et al. Parallel tempering for training of restricted Boltzmann machines [C]//Proceedings of the 13th International Conference on Artificial Intelligence and Statistics. Sardinia, Italy: ACM, 2010 (9): 145-152.

[78] NEAL R. Annealed importance sampling [J]. Statistics and computing,

2001, 11 (2): 125-139.

[79] SALAKHUTDINOV R, MURRAY I. On the quantitative analysis of deep belief networks [C]//Proceedings of the 25th International Conference on Machine Learning. Helsinki, Finland: ACM, 2008 (25): 872-879.

[80] SALAKHUTDINOV R, HINTON G. An efficient learning procedure for deep Boltzmann machines [J]. Neural Computation, 2012, 24 (8): 1967-2006.

[81] PETERSON C, ANDERSON J. A mean field theory learning algorithm for neural networks [J]. Complex Systems, 1987 (1): 995-1019.

[82] NEAL R. Connectionist learning of belief networks [J]. Artificial Intelligence, 1992, 56 (1): 71-113.

[83] JORDAN M, GHAHRAMANI Z, JAAKKOLA T, et al. An introduction to variational methods for graphical models [J]. Machine Learning, 1999, 37 (2): 183-233.

[84] TIELEMAN T. Training restricted Boltzmann machines using approximations to the likelihood gradient [C]//Proceedings of the 25th International Conference on Machine Learning. Helsinki, Finland: ACM, 2008: 1064-1071.

[85] SWERSKY K, CHEN B, MARLIN B. A tutorial on stochastic approximation algorithms for training restricted Boltzmann machines and deep belief nets [C]//Information Theory and Applications Workshop. USA: IEEE, 2010: 80-89.

[86] TIELEMAN T, HINTON G. Using fast weights to improve persistent contrastive divergence [C]//Proceedings of the 26th International Conference on Machine Learning. Montreal, Canada: ACM, 2009: 1033-1040.

[87] MA X, WANG X. Average contrastive divergence for training restricted Boltzmann machines [J]. Entropy, 2016, 18 (35): 1-14.

[88] FISCHER A, IGEL C. Bounding the bias of contrastive divergence learning [J]. Neural Computation, 2011, 23 (3): 664-673.

[89] POLYAK T. Some methods of speeding up the convergence of iteration methods [J]. USSR Computational Mathematics and Mathematical Physics, 1964, 4 (5): 1-17.

[90] RUMELHART D, HINTON G, WILLIAMS R. Learning representations by back-propagating errors [J]. Nature, 1986 (323): 533-536.

[91] XU D, SHAO H, ZHANG H. A new adaptive momentum algorithm for split-complex recurrent neural networks [J]. Neurocomputing, 2012, 93 (9): 133-136.

[92] ZHANG N. An online gradient method with momentum for two-layer feedforward neural networks [J]. Applied Mathematics and Computation, 2009, 212 (2): 488 - 498.

[93] HINTON G. A practical guide to training restricted Boltzmann machines [C]// Neural Networks: Tricks of the Trade. Berlin, Heidelberg: Springer, 2012: 599-619.

[94] XIAO L. Dual averaging methods for regularized stochastic learning and online optimization [J]. Journal of Machine Learning Research, 2010 (11): 2543-2596.

[95] HAMID N, NAWI N, GHAZALI R, et al. Accelerating learning performance of back propagation algorithm by using adaptive gain together with

adaptive momentum and adaptive learning rate on classification problems [J]. International Journal of Software Engineering and Its Applications, 2011, 5 (4): 31-44.

[96] MARTENS J, SUTSKEVER I. Learning recurrent neural networks with hessian-free optimization [C]//Proceedings of the 28th International Conference on Machine Learning. Bellevue, WA, USA: ACM, 2011: 1033-1040.

[97] NESTEROV Y. Introductory lectures on convex optimization: A basic course [M]. Boston: Springer, 2004, 87; 236-253.

[98] NESTEROV Y. Efficiency of coordinate descent methods on huge-scale optimization problems [J]. Society for Industrial and Applied Mathematics, 2012, 22 (2): 341-362.

[99] LE ROUX N, SCHMIDT M, BACH F. A stochastic gradient method with an exponential convergence rate for finite training sets [C]//Proceedings of the 25th International Conference on Neural Information Processing Systems. Lake Tahoe, USA: ACM, 2012 (2): 2663-2671.

[100] DEKEL O, GILAD R, SHAMIR O, et al. Optimal distributed online prediction using mini-batches [J]. Journal of Machine Learning Research, 2012 (3): 165-202.

[101] AGARWAL A, DUCHI J. Distributed delayed stochastic optimization [C]//Proceedings of Advances in Neural Information Processing System. Maui, HI, USA: IEEE, 2011 (24): 873-881.

[102] SUTSKEVER I, MARTENS J, DAHL G, et al. On the importance of initialization and momentum in deep learning [C]//Proceedings of the 30th

International Conference on Machine Learning. Atlanta, USA: ACM, 2013, 28 (3): 1139-1147.

[103] SHALEV-SHWARTZ S, ZHANG T. Accelerated mini-batch stochastic dual coordinate ascent [C]//Proceedings of Advances in Neural Information Processing System. Lake Tahoe, Nevada, USA: ACM, 2013 (26): 378-385.

[104] JOHNSON R, ZHANG T. Accelerating stochastic gradient descent using predictive variance reduction [C]//Proceedings of Advances in Neural Information Processing System. Lake Tahoe, Nevada, USA: ACM, 2013 (26): 315-323.

[105] SHALEV-SHWARTZ S, ZHANG T. Accelerated proximal stochastic dual coordinate ascent for regularized loss minimization [C]//Proceedings of 31th International Conference on Machine Learning. Beijing, China: ACM, 2014, 32 (1): 64-72.

[106] NITANDA A. Stochastic proximal gradient descent with acceleration techniques [C]//Proceedings of Advances in Neural Information Processing Systems. Montreal, Canada: ACM, 2014 (1): 1574-1582.

[107] ZHONG W, KWOK J. Accelerated stochastic gradient method for composite regularization [C]//Proceedings of the 17th International Conference on Artificial Intelligence and Statistics. Reykjavik, Iceland: ACM, 2014 (33): 1086-1094.

[108] ZAREBA S, GONCZAREK A, TOMCZAK J, et al. Accelerated learning for restricted Boltzmann machine with momentum term [C]//Proceedings of International Conference on Systems Engineering. Coventry, UK: Springer, 2015 (366): 187-192.

[109] YUAN K, YING B, SAYED A. On the influence of momentum acceleration on online learning [J]. Journal of Machine Learning Research, 2016, 17 (192): 1-66.

[110] POLYAK B, JUDITSKY A. Acceleration of stochastic approximation by averaging [J]. SIAM Journal on Control and Optimization, 1992 (30): 838-840.

[111] DANIEL L, PAPROTSKI V, DANNY Y. Neural networks on GPUs: restricted Boltzmann machines [C]//IEEE Conference on Machine Learning and Applications. Bellevue, Washington, USA: IEEE, 2010: 307-312.

[112] LOPES N, RIDEIRO B, GONCALVES J. Restricted Boltzmann machines and deep belief networks on multi-core processors [C]//IEEE World Congress on Computational Intelligence. Brisbane, Australia: IEEE, 2012: 10-15.

[113] ZHANG C, CHEN C. An automatic setting fort raining restricted Boltzman machine [C]//IEEE International Conference on Systems, Man, and Cybernetics. San Diego, California, USA: IEEE, 2014: 4037-4041.

[114] ZHANG C, PHILIP-CHEN C, CHEN D. MapReduce based distributed learning algorithm for restricted Boltzmann machine [J]. Neurocomputing, 2016, 198 (19): 4-11.

[115] LEE H, EKANADHAM C, NG A. Sparse deep belief net model for visual area V2 [C]//Proceedings of Advances in Neural Information Processing Systems. Vancouver, British Columbia, Canada: ACM, 2007: 873-880.

[116] LUO H, NIU C, SHEN R, et al. Sparse group Boltzmann machines [C]//Proceedings of the 25th AAAI Conference on Artificial Intelligence. San

Francisco，California：AAAI，2011：1207-1216.

[117] JI N，ZHANG J，ZHANG C，et al. Enhancing performance of restricted Boltzmann machines via log-sum regularization [J]. Knowledge-based Systems，2014，63（3）：82-96.

[118] JI N，ZHANG J，ZHANG C. A sparse-response deep belief network based on rate distortion theory [J]. Pattern Recognition，2014，47（1）：3179-3191.

[119] MEI X，MA Y，FAN F，et al. Infrared ultraspectral signature classification based on a restricted Boltzmann machine with sparse and prior constraints [J]. International Journal of Remote Sensing，2015，36（18）：4724-4747.

[120] ZHANG L，ZHANG Z，GUAN C. Accelerating privacy-preserving momentum federated learning for industrial cyber-physical systems [J]. Complex & Intelligent Systems，2021（7）：3289—3301.

[121] YAO B，LI G，WU W. State space representation and phase analysis of gradient descent optimizers [J]. Science China Information Sciences，2023，66（4）：142102.

[122] WAN L，ZEILER M，ZHANG S，et al. Regularization of neural networks using dropconnect [C]//Proceedings of the 30th International Conference on Machine Learning. Atlanta，Georgia，USA：ACM，2013，28（3）：1058-1066.

[123] WANG S，MANNING C. Fast dropout training [C]//International Conference on Machine Learning. Atlanta，USA：ACM，2013，（2）：118-126.

[124] SRIVASTAVA N，HINTON G，KRIZHEVSKY A，et al. Dropout：A simple way to prevent neural networks from over fi tting [J]. Journal of Machine

Learning Research，2014，15（6）：1929-1958.

[125] SWERSKY K，SUTSKEVER I，TARLOW D，et al. Cardinality restricted Boltzmann machines [C] //Proceedings of Advances in Neural Information Processing Systems. Lake Tahoe，USA：ACM，2012：3302-3310.

[126] FISCHER A，IGEL C. Training restricted Boltzmann machines：An introduction [J]. Pattern Recognition，2014，47（1）：25-39.

[127] FISCHER A，IGEL C. An introduction to restricted Boltzmann machines [C] //Proceedings of Progress in Pattern Recognition，Image Analysis，Computer Vision and Applications. Buenos Aires，Argentina：Springer，2012（7441）：14-36.

[128] LENZ W. Beitrag zum Verständnis der magnetischen Erscheinungen in festen Körpern [J]. Physikalische Zeitschrift，1920（21）：613-615.

[129] ISING E. Beitrag zur theorie des ferromagnetismus [J]. Zeitschrift Für Physik，1925（31）：253-258.

[130] YANG Y，TENG B，YANG H，et al. Investigation of probability theory on Ising models with different four-spin interactions [J]. Physica A：Statistical Mechanics and Its Applications，2017，483（10）：243-249.

[131] BENGIO Y，DELALLEAU O. Justifying and generalizing contrastive divergence [J]. Neural Computation，2009，21（6）：1601-1621.

[132] PARMAR V，SURI V. A hybrid CMOS-memristive approach to designing deep generative models [J]. IEEE Transactions on Neural Networks and Learning Systems，2021，32（6）：2790-2796.

[133] FREUND Y，HAUSSLER D. Unsupervised learning of distributions on binary

vectors using two layer networks [C] //Proceedings of the 4th International Conference on Neural Information Processing Systems. San Francisco, CA, USA: ACM, 1992 (4): 912-919.

[134] MAYRAZ G, HINTON G. Recognizing handwritten digits using hierarchical products of experts [J]. IEEE Transactions on Pattern Analysis and Machine Intelligence, 2002, 24 (2): 189-197.

[135] LIAO S. Expert system methodologies and applications—a decade review from 1995 to 2004 [J]. Expert Systems with Applications, 2005, 28 (1): 93-103.

[136] MALALLAH F, KHMAG A, HUSSAIN A, et al. Handwritten Arabic (Indian) numerals recognition using expert system [J]. Walailak Journal of Science and Technology, 2017, 14 (6): 527-546.

[137] LEE H, GROSSE R, RANGANATH R, et al. Convolutional deep belief networks for scalable unsupervised learning of hierarchical representations [C] //Proceedings of the 26th Annual International Conference on Machine Learning. New York: ACM, 2009: 609-616.

[138] SHAO H, JIANG H, ZHANG H, et al. Rolling bearing fault feature learning using improved convolutional deep belief network with compressed sensing [J]. Mechanical Systems and Signal Processing, 2018, 100 (2): 743-765.

[139] NOROUZI M. Convolutional restricted Boltzmann machines for feature learning [D]. Vancouver: School of Computing Science-Simon Fraser University, 2009.

[140] LAROCHELLE H, BENGIO Y. Learning algorithms for the classification

restricted Boltzmann machine [J]. Journal of Machine Learning Research, 2012, 13 (1): 643-669.

[141] FRANTTI T, KALLIO S. Expert system for gesture recognition in terminal' s user interface [J]. Expert Systems with Applications, 2004, 26 (2): 189-202.

[142] YANG Y, FU C, CHEN Y, et al. A belief rule based expert system for predicting consumer preference in new product development [J]. Knowledge-Based Systems, 2016 (94): 105-113.

[143] HUANG G, ZHU Q, SIEW C. Extreme learning machine: A new learning scheme of feedforward neural networks [J]. Neural Networks, 2004, 2 (3): 985-990.

[144] TU X, GAO J, XIE M, et al. Illumination normalization based on correction of large-scale components for face recognition [J]. Neurocomputing, 2017, (266): 465-476.

[145] ZHANG D, MENG D, HAN J. Co-saliency detection via a self-paced multiple-instance learning framework [J]. IEEE Transactions on Pattern Analysis and Machine Intelligence, 2017, 39 (5): 865-878.

[146] HAN J, JI X, HU X, et al. Representing and retrieving video shots in human-centric brain imaging space [J]. IEEE Transactions on Image Processing, 2013, 22 (7): 2723-2736.

[147] ZHANG T, GUO L, LI K, et al. Predicting functional cortical ROIs via DTI-derived fiber shape models [J]. Cerebral Cortex, 2012, 22 (4): 854-864.

[148] MA Z, CHANG D, XIE J, et al. Fine-Grained vehicle classification with

channel max pooling modified CNNs [J]. IEEE Transactions on Vehicular Technology, 2019, 68 (4): 3224-3233.

[149] CHENG G, ZHOU P, HAN J. Learning rotation-invariant convolutional neural networks for object detection in VHR optical remote sensing images [J]. IEEE Transactions on Geoscience and Remote Sensing, 2016, 54 (12): 7405-7415.

[150] ZHANG D, HAN J, LI C, et al. Detection of co-salient objects by looking deep and wide [J]. International Journal of Computer Vision, 2016, 120 (2): 215-232.

[151] HOFFMAN M, BLEI D, WANG C, et al. Stochastic variational inference [J]. Journal of Machine Learning Research, 2013 (14): 1303-1347.

[152] MA Z, XIE J, LAI Y, et al. Insights into multiple/single lower bound approximation for extended variational inference in Non-Gaussian structured data modeling [J]. IEEE Transactions on Neural Networks and Learning Systems (Early Access), 2019: 1-15.

[153] LIU Y, LI L, YANG D. Boundedness and convergence of split complex gradient descent algorithm with momentum and regularizer for TSK fuzzy models [J]. Neurocomputing, 2018 (311): 270-278.

[154] FARAJI M R, QI X. Face recognition under varying illuminations with multi-scale gradient maximum response [J]. Neurocomputing, 2018 (308): 87-100.

[155] HEINSOHN D, VILLALOBOS E, PRIETO L, et al. Face recognition in low-quality images using adaptive sparse representations [J]. Image and Vision

Computing, 2019, 85 (5): 46-58.

[156] CANDES E, WAKIN M, BOYD S. Enhancing sparsity by reweighted l1 minimization [J]. Fourier analysis Application, 2008, 14 (5): 877-905.

[157] GUO R, QI H. Partially-sparse restricted Boltzmann machine for background modeling and subtraction [C]//The 12th International Conference on Proceedings of Machine Learning and Applications. Miami, FL, USA: IEEE, 2013: 209-214.

[158] LECUN Y, BENGIO Y, HINTON G. Deep learning [J]. Nature, 2015, 521 (7553): 436-444.

[159] WANG G, JIA Q, QIAO J, et al. A sparse deep belief network with efficient fuzzy learning framework [J]. Neural Networks, 2020, 121 (1): 430-440.

[160] QIAN Z, HUANG T, WANG Q, et al. Torque ripple reduction of PMSM based on modified DBN-DNN surrogate model [J]. IEEE Transactions on Transportation Electrification, 2023, 9 (2): 2820-2829.

[161] HUANG H, LIN Y, GUI G, et al. Regularization strategy aided robust unsupervised learning for wireless resource allocation [J]. IEEE Transactions on Vehicular Technology, 2023, 72 (7): 9647-9652.

[162] WANG G, JIA Q, LIU C, et al. A sparse deep belief network with efficient fuzzy learning framework [J]. Neural Networks, 2020 (121) : 430-440.

[163] CHEN Q, PAN G. A structure-self-organizing DBN for image recognition [J]. Neural Computing and Applications, 2021 (33): 877-886.

[164] YU J. Knowledge transfer-based sparse deep belief network [J]. IEEE Transactions on Cybernetics, 2023, 53 (12): 7572-7583.

[165] SARVANI C, DUBEY S, GHORAI M. UFKT: Unimportant filters knowledge transfer for CNN pruning [J]. Neurocomputing, 2022 (514): 101-112.

[166] ZHONG G, LIU W, YAO H, et al. Merging similar neurons for deep networks compression [J]. Cognitive Computation, 2020 (12): 577-588.

[167] KUMAR M, SINGH S, BOWLES J. Variational Bayesian deep fuzzy models for interpretable classification [J]. Engineering Applications of Artificial Intelligence, 2024 (132): 107900.

[168] KARN R, SANODIYA R, BAJPAI P. A unified framework for visual domain adaptation with covariance matching [J]. Knowledge-Based Systems, 2023, (278): 110894.

[169] HU Y, LU M, XIE C, et al. FIN-GAN: Face illumination normalization via retinex-based self-supervised learning and conditional generative adversarial network [J]. Neurocomputing, 2021 (456): 109-125.

[170] HU C, ZHANG Y, WU F, et al. Toward driver face recognition in the intelligent traffic monitoring systems [J]. IEEE Transactions on Intelligent Transportation Systems, 2020, 21 (12): 4958-4971.

[171] XIA L, LV J, XIE C, et al. A conditional classification recurrent RBM for improved series mid-term forecasting [J]. Applied Intelligence, 2021 (51): 8334-8348.

[172] CHEN C, LU H, WEI H, et al. Deep subspace image clustering network with self-expression and self-supervision [J]. Applied Intelligence, 2023 (53): 4859-4873.

[173] ZHONG G, LIU W, YAO H, et al. Merging similar neurons for deep networks compression [J]. Cognitive Computation, 2020 (12): 577-588.

[174] ALTARABICHI M, NOWACZYK S, PASHAMI S, et al. Rolling the dice for better deep learning performance: A study of randomness techniques in deep neural networks [J]. Information Sciences, 2024 (667): 120500.

[175] JAIN V, SEUNG S. Natural image denoising with convolutional networks [C] //Proceedings of Advances in Neural Information Processing Systems. Vancouver, British Columbia, Canada: ACM Press, 2009: 769-776.

[176] BURGER H, SCHULER C, HARMELING S. Image denoising: Can plain neural networks compete with BM3D? [C] //Proceedings of the IEEE Conference on Computer Vision and Pattern Recognition (CVPR). Providence, RI, USA: IEEE Computer Society Press, 2012: 2392-2399.

[177] AHARON M, ELAD M, BRUCKSTEIN A. K-svd: An algorithm for designing overcomplete dictionaries for sparse representation [J]. IEEE Transactions on Signal Processing, 2006, 54 (11): 4311-4322.

[178] XIE J, XU L, CHEN E. Image denoising and inpainting with deep neural networks [C] // Proceedings of Advances in Neural Information Processing Systems. Curran-Associates Inc. 2012: 341-349.

[179] ZHANG K, ZUO W, CHEN Y, et al. Beyond a Gaussian denoiser: residual learning of deep CNN for image denoising [J]. IEEE Transactions on Image Processing, 2017, 26 (7): 3142-3155.

[180] DABOV K, FOI A, KATKOVNIK V, et al. Image denoising by sparse 3-D transform-domain collaborative filtering [J]. IEEE Transactions on Image

Processing, 2007, 16 (8): 2080-2095.

[181] RAFAEL G, DANIEL S, LUIS A, et al. A robust restricted Boltzmann machine for binary image denoising [C] // Proceedings of the 30th International Conference on Graphics. Niteroi, Brazil: IEEE Computer Society Press, 2017 (11): 2377-5416.

[182] RAFAEL G, DANIEL S, GUSTAVO B, et al. A deep Boltzmann machine-based approach for robust image denoising [C] // Proceedings of the 22th Iberoamerican Congress on Pattern Recognition. Santiago, Chile: IEEE Computer Society Press, 2018, 10657 (2): 525-533.

[183] ZHANG K, ZUO W, ZHANG L. FFDNet: Toward a fast and flexible solution for CNN based image denoising [J]. IEEE Transactions on Image Processing, 2018, 27 (9): 4608-4622.

[184] CHEN J, CHAO H, YANG M. Image blind denoising with genenative adversarial network based noise modeling [C] // Proceedings of the IEEE Conference on Computer Vision and Pattern Recognition. Los Alamitos: IEEE Computer Society Press, 2018: 3155-3164.

[185] SHEN H, LI H. A gradient approximation algorithm based weight momentum for restricted Boltzmann machine [J]. Neurocomputing, 2019 (361): 40-49.

[186] NICK H. An introduce to Bayesian inference, methods and computation [M]. Cham: Springer Cham, 2021.

[187] VAN R, DEPAOLI S, KING R, et al. Bayesian statistics and modelling [J]. Nature reviews Methods Primers, 2021, 1 (3): 1-60.

索引